세상을 바꾼 발견과 혁신의 순간들

위대한 과학

위대한 과학

세상을 바꾼 발견과 혁신의 순간들

초판 1쇄 2022년 10월 31일

지은이 톰 잭슨
옮긴이 김주희

편집 이동은, 김주현, 성스레
미술 강현희, 정세라 **본문** 아울미디어
마케팅 사공성, 강승덕, 한은영
제작 박장혁

발행처 북커스
발행인 정의선
이사 전수현

출판등록 2018년 5월 16일 제406-2018-000054호
주소 서울시 종로구 평창30길 10
전화 02-394-5981~2(편집) 031-955-6980(마케팅)

ISBN 979-11-90118-45-3 (03400)

- 북커스(BOOKERS)는 (주)음악세계의 임프린트입니다.

세상을 바꾼 발견과 혁신의 순간들

위대한 과학

톰 잭슨 지음
김주희 옮김

BOOKERS

목차

이론

연구 방법과 장비

들어가며

스티븐 호킹: "우리는 아주 평범한 별 주위로 공전하는 조그마한 행성에 사는 진화한 원숭이 족속에 불과하다. 하지만 우주를 이해한다. 그렇기에 인류는 무척 특별하다."

과학이란, 늘 존재했으나 과거에는 알려지지 않았던 사실을 밝히는 수단이다. 과학자는 우주의 끝, 그리고 그 너머까지 알아내기 위해 힘과 물질의 본질을 탐구한다.

이 책은 오늘날 내 방에서 우주 너머까지, 세상에 대한 우리의 이해를 뒷받침하는 놀라운 과학적 성과를 추적한다. 에너지와 물질과 운동을 지배하는 법칙을 찾으려는 물리학, 모든 물질을 탐구하며 한 물질이 다른 물질로 어떻게 변화하는지 이해하려 하는 화학, 그리고 생명 현상을 연구하는 생물학이 포함된다. 심리학, 천문학, 신경 과학, 지질학 또한 다룬다.

과학은 오래된 발견의 토대 위에 새로운 발견을 쌓아 올려야 한다. 이 책에 수록된 짧은 이야기들은 과학적 발견과 그것이 수백 년간 어떻게 꾸준히 발전해 왔는지를 보여준다.

Histories 역사

마리 퀴리: "인생에서 두려워할 것은 아무것도 없고, 다만 이해할 뿐이다. 지금은 더 많은 것을 이해할 때이며, 그러다 보면 두려움은 누그러들 것이다."

과학이 미신과 독단의 안개에서 빠져나오기까지는 수천 년이 걸렸다. 오늘날 과학자들은 생각을 끌어내고, 아이디어를 시험하고, 결과를 세심하게 검토하는 엄격한 방식을 따른다. 그러나 진리를 뒷받침하는 증거를 찾으면 진리를 찾을 수 있으리라는 직관은 단순하고도 강력하며, 그 기원은 고대로 거슬러 올라간다.

과학이 지금처럼 세상을 지배하는 힘이 된 시점은 '과학 혁명'이 시작된 약 350년 전으로, 과학 혁명 시기에 광범위한 학문 분야가 세분화되면서 점차 전문 분야로 자리 잡게 되었다. 1850년대에 과학자들은 세포 생물학, 전기의 본질, 원자의 무게 등 다양한 분야에 관심을 가지는 전문가가 되었고, 더 이상 어느 한 사람이 모든 과학 분야의 전문가가 되는 것은 불가능해졌다.

Experiments 실험

칼 세이건: "어디선가, 믿기지 않는 무언가가 알려지기를 기다린다."

과학적 절차는 많은 단계를 수반하지만, 가장 상징적인 단계는 이론이 진실인지 거짓인지를 시험하여 입증하는 실험이다. 단, 정교한 실험만이 놀라운 성과를 남기는 것은 아니다. 1950년대에 스탠리 밀러는 둥근 플라스크와 유리관 몇 개를 써서 원시 수프를 만들었고, 일주일도 되지 않아 이 밀러의 실험 장비는 생명 현상에 필요한 화학 물질을 탄생시켰다.

Theory 이론

알베르트 아인슈타인: "무한한 것은 두 가지이다: 우주와 인간의 어리석음. 그리고 나는 우주(의 무한함)에 대해서 확신이 없다."

과학은 창조적 과정이다. 우리는 일단 상상하고 나서야 숨겨진 진실을 밝힐 수 있으며, 그러한 상상은 이론 또는 가설로 알려져 있다. 이론은 증명되면 더이상 이론이 아니며, 명확하게 규명된 이후 사실로 인정받는다. 그러나 혼란스럽게도 일부 이론은 그것이 옳다고 증명된 후에도 변함없이 이론이라고 불린다.

Methods and Equipment 연구 방법과 장비

아이작 뉴턴: "내가 남들보다 더 멀리 내다보았다면, 그것은 거인의 어깨 위로 올라섰기 때문이다."

과학의 역사는 기술의 역사와 밀접하게 관련되어 있다. 새로운 과학은 새로운 기술 개발에 필요한 통찰력을 제시하고, 그렇게 개발된 기술은 과학자에게 새로운 조사 방법을 제공한다. 과학이 이용할 수 있는 장비와 보조 기술에는 몇 가지 커다란 발전이 있었는데, 16세기 렌즈 제작자는 망원경과 현미경을 발전시켰고, 외부 온도 변화에 매우 민감하게 반응하여 온도계 제작에 쓰일 수 있는 유리관을 만들었다. 금속 제련술이 발전한 이후에는 정밀한 기계와 전기 및 자기 장치가 등장했다. 오늘날 과학은 컴퓨터에 의존해 장비를 제어하고 데이터를 분석 및 수집한다. 따라서 컴퓨터로 인해 과학 연구를 실행하는 수준이 크게 향상되었다는 것은 아무리 강조해도 지나치지 않다. 새로운 형태의 컴퓨터 기술도 미래에 진행될 연구에 틀림없이 영향을 줄 것이다.

역사적 배경에 관한 부연 설명

과학 발전은 대부분 집단의 노력을 발판 삼아 도약했다. 혼자서만 연구한 선구자는 거의 없으며, 설령 혼자 연구했더라도 기존 데이터를 토대로 과학적 발견을 성취했다.

이 책의 주된 목적은 과학에 대한 대중의 인식을 높이는 것으로, 훌륭한 목표이긴 하지만 사실을 지나치게 단순화한다는 결점이 내재한다. 이를테면, 중요한 성과가 전 세계 곳곳에서 서로 협력하고 때로는 경쟁하는 수많은 연구진이 이루어낸 업적이라 할지라도, 명망 있는 몇몇 과학자만이 그 공로를 인정받는 것을 종종 보곤 한다(그리고 이러한 과학자들 대부분은 백인 남성이었다).

이런 역사를 책에 간략히 서술하고 가볍게 넘길 수 없다. 그것은 부정확하게 기록하는 것보다 더 나쁘다. 불공정할 뿐만 아니라 유색인종과 여성에게 돌아가야 할 공로를 부정하는 것이며, 유색 인종과 여성이 과학 분야에서 성공할 수 없다는 통념을 영속화하여 그들에게 피해를 주는 것이다.

그래도 오늘날에는 이러한 불공정을 바로잡기 위한 노력이 늘어나고 있고, 그동안 가려져 있던 사람들을 마땅히 대접하고자 한다. 서구권에서 아프리카 및 아시아 출신 과학자가 너무 오랜 기간 배제되었던 탓에, 최근에야 언론에 각 분야에서 최초로 주목받는 소수 집단 출신의 과학자가 다수 등장한다는 사실이 이를 뒷받침한다. 그러나 여전히 백인이 아닌 사람들에게도 기회가 균등하게 돌아가려면 아직 해야 할 일이 많다.

여성은 심지어 고등 교육과 학계에서 배제되었던 시절에도 방대한 과학 지식을 축적하는 과정에 중대한 공헌을 했지만, 여성의 업적에 대한 공로는 수백 년간 타인에게 돌아가거나 다른 사람의 몫으로 여겨졌다. 과거부터 여성의 업적은 경시되거나 역사 전반에 흐릿하게 남겨졌으므로, 이 책의 독자는 우주의 광활함을 측정하는 수단이 여성 과학자의 업적이었음을 특히 눈여겨보기를 바란다(p.28). 또 원자 폭탄 내에서 일어나는 핵분열 과정을 밝히고(p.136), 과학계에 남은 가장 심오한 수수께끼 중 하나인 암흑 물질의 존재를 증명한(p.175) 여성 과학자도 있었다. 온실 효과 또한 여성 과학자가 최초로 규명한 것이다(p.178).

과학은 소수를 위한 것이 아니다. 과학은 영원히 모든 사람을 위한 것이며, 적어도 그래야만 한다.

이 책의 활용법

이 책은 '역사', '실험', '이론', '연구 방법과 장비'의 4개의 장으로 구성되어 있다. 각 장은 별도로 읽어도 좋고, 다른 장과 함께 읽어도 좋다. 각 페이지 하단에 표기된 유용한 참조는 4개의 장을 오가며 독자를 안내한다. 사진 및 설명은 주요 과학자의 상세한 일대기와 풍부한 추가 정보를 제공한다.

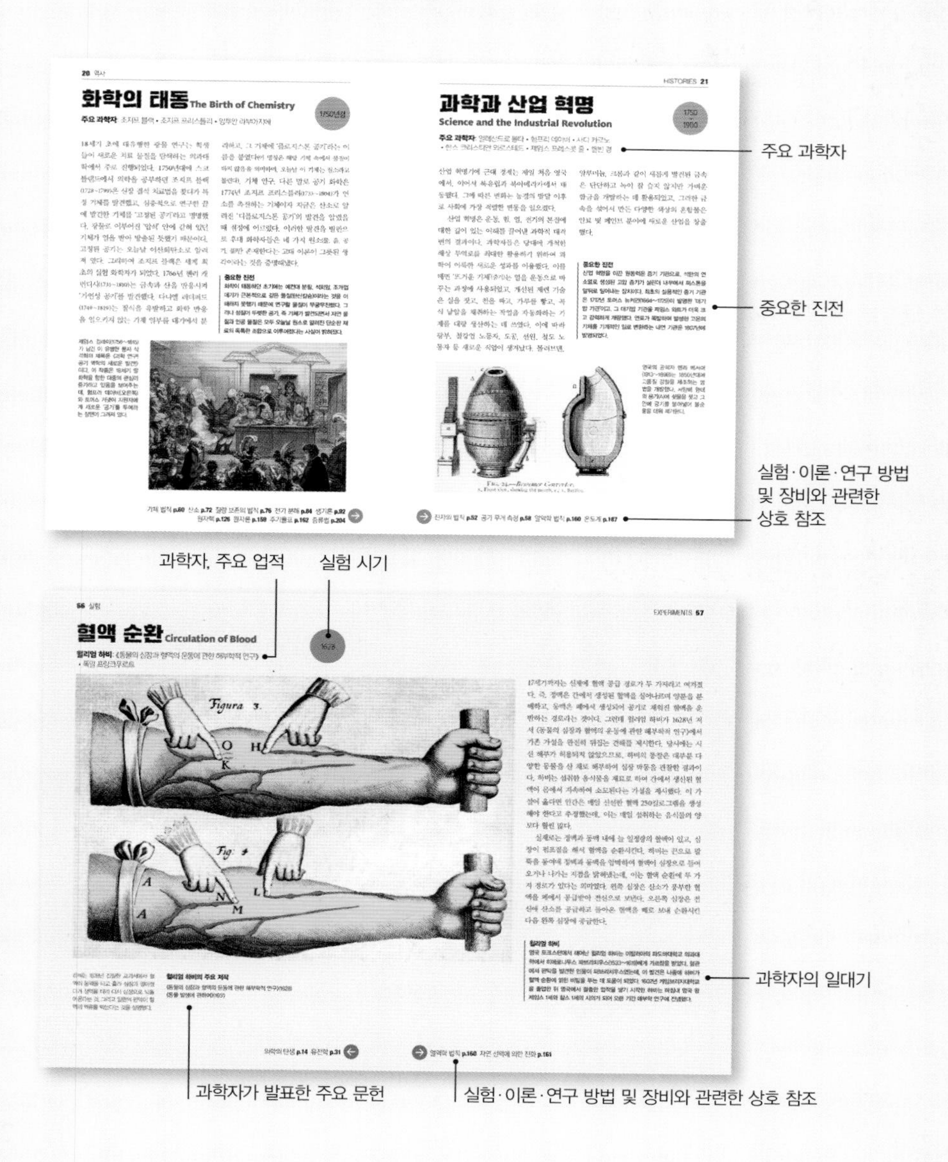

محمد زکریای رازی
(۲۵۰ - ۳۱۳ هجری)
بسرویس طبی تجارتخانه حسن خسروشاهی بمناسبت پنجمین کنگره پزشکی رامسر ضمیمه نشریه « در کلینیک چه میکنند »

HISTORIES

역사

고대 천문학자 Ancient Astronomers

BC 3만년경 ~ BC 500

주요 과학자: 에우독소스 • 아리스토텔레스

중요한 진전
현대 천문학자와 마찬가지로, 고대 천문학자들도 눈에 보이는 현상을 토대로 우주의 모형을 만들었다. 기원전 4세기 무렵, 천문학자는 달과 태양과 행성들이 완벽한 원을 그리며 움직이는 우주 모형을 만들고 한가운데에 지구를 배치했다. 별들은 공 모양인 우주 모형의 가장 바깥쪽에 배열했다. 고대 천문학자는 이 같은 모형으로 우주에 존재하는 인간의 위치를 설명했고, 이 가설은 수천 년간 사람들에게 널리 받아들여졌다.

천문학은 가장 일찍 태동한 과학 분야이다. 선사시대에 빛 공해가 없는 새카만 하늘을 관찰하던 사람들이 반짝이는 별 사이에서 특정한 패턴을 찾아냈다. 이들 패턴은 수많은 사람의 입을 거쳐 이야기 속 등장인물로 탄생했고, 지금까지도 전통적인 방식으로 하늘을 구획하여 만들어낸 별자리가 그리스·로마 신화를 장식한다.

그렇게 달마다, 밤마다, 시간마다 별자리를 관찰하면서 사람들은 더 많은 천문 현상을 목격했고, 이것을 해가 뜨고 지는 리듬, 달의 형태가 변화하는 양상과 맞춰보기도 했다. 목격한 현상을 토대로 달력을 만들고 계절의 변화를 기록하기도 했는데, 이렇게 만들어진 달력은 농사를 지어 풍성한 수확물을 거두고 일 년 내내 식량을 얻는 과정에 중요하게 활용되었다. 다섯 개의 천체는 겉보기에 별과 같았지만, 제각기 다른 궤적을 따라 움직인다. 이들 천체는 '방랑자' 또는 라틴어로 '플라네타'(planeta)라고 불렸는데, 모두 하늘의 좁은 띠 안에서 움직이는 것처럼 보인다. 바로 그리스어에서 유래한 명칭 '조디악'(zodiac)으로 알려져 있는 것이다.

초기 천문학자로 활약한 바빌로니아인들은 그들이 숭배하는 신과 주요 천제를 연결했다. 기원전 12세기에 세워진 이 비석은 '별'의 여신 이슈타르(Ishtar), 달의 신 씬(Sin), 태양의 신 샤마시(Shamash)를 묘사한다.

지구의 크기 **p.44** 외계 행성 **p.148** 판스페르미아설 **p.156** 태양계의 기원 **p.179** 망원경 **p.189**

그리스 철학자 Greek Philosophers

주요 과학자: 플라톤 • 아리스토텔레스 • 탈레스

라파엘로(1483~1520)는 〈아테네 학당〉(1509~1511)에서 플라톤과 아리스토텔레스를 비롯해 고대 그리스에서 활약한 주요 철학자들을 묘사했다.

이집트에서 최초로 피라미드를 건축한 임호텝(기원전 2667~2648년경)은 인도에서 활동한 의사 수슈루타(기원전 600년경)를 비롯해 몇몇 인물과 '최초의 과학자' 칭호를 두고 경쟁한다. 그러나 대개 '최초의 과학자'라는 영광은 자연 철학의 선구자이자 밀레토스 출신의 탈레스(기원전 624~548년경)에게 돌아갔다. 탈레스와 탈레스 추종자들은 신화나 종교에 의지하지 않고 세상을 설명하려 했는데, 이 같은 전통은 다른 지역보다도 고대 그리스에서 발생했으리라 추정된다. 판테온 신전에 모셔진 올림피아 신들은 종교에 얽매이지 않고 인간적으로 행동하며 중대한 질문에도 설득력 있는 답을 좀처럼 주지 않았기 때문이다. 그런데 탈레스가 제시한 추론법은 오늘날 우리가 과학적이라고 여기는 추론 방식과 극명하게 다르다. 기원전 5세기 아테네에서 소크라테스(기원전 470~399년경)가 플라톤(기원전 424~348년경)을, 플라톤이 아리스토텔레스(기원전 384~322년경)를 가르치면서 아테네는 자연 철학의 중심지가 되었다. 플라톤과 아리스토텔레스는 지식의 근원이 어디에 있는지를 두고 대립했다. 플라톤은 지식이 이상적이고 초자연적인 세계에서 발견된다고 주장했으나, 아리스토텔레스는 우리를 둘러싼 현실 세계를 관찰하면 진리가 드러난다고 강조했다.

중요한 진전

그리스 철학에서 태동해 오늘날까지 전해 내려오는 유산으로는 체계화된 논리학이 있다. 연역 추론은 두 가지 명제를 토대로 논리적인 결론을 끌어낸다: 모든 인간은 죽는다; 플라톤은 인간이다; 그러므로 플라톤은 죽는다. 귀납 추론은 명제에서 결론으로 이어지는 연결성이 빈약하다: 태양은 매일 아침 뜬다; 그러므로 내일도 태양이 뜰 것이다.

두 가지 추론법 모두 후대 철학자에게 조목조목 비판받기도 했으나, 여전히 과학을 탐구하는 과정에서 중요한 도구로 다뤄진다.

→ 부력 p.42 지구의 크기 p.44 판스페르미아설 p.156

의학의 탄생 The Birth of Medicine

주요 과학자: 히포크라테스 • 갈레노스 • 아비센나

플랑드르 화가 피터 폴 루벤스(1577~1640)의 1638년 판화 작품. 오래전부터 의학의 아버지로 추앙받은 히포크라테스를 묘사했다.

의학의 몇 가지 위대한 전통은 동서양의 문화에서 탄생했다. 과학에 공고히 뿌리를 내린 서양의학은 건강한 삶의 보장과 기대수명 연장에 가장 효과적인 수단임이 입증되었다. 서양의학의 기틀을 마련한 인물은 그리스의 의사 히포크라테스(기원전 460~370년경)로, 오늘날에도 의사가 될 때 히포크라테스 선서를 하며 환자에게 최선을 다하겠다고 다짐한다. 히포크라테스 의학은 흙, 공기, 물, 불의 네 가지 원소에 기반을 두는데, 이 네 가지 원소는 모두 네 가지 체액의 형태로 체내에 존재한다고 여겨졌고, 네 가지 체액 사이에 발생한 불균형의 결과가 질병이었다. 히포크라테스는 질병의 단서나 징후를 찾고, 예후(병세가 어떻게 진행될지 예측하는 것)에 맞게 적절히 치료하는 방식으로 진단 기술을 개척했다. 그는 질병이 결정적인 단계까지 진행되었을 때 신체가 병세를 이겨내기를 기대하며 치료했다. 또 환자를 대하는 의사의 태도와 위생이 질병 치료에 영향을 준다는 것을 직관적으로 깨닫고 그 중요성을 강조했다.

중요한 진전

네 가지 체액은 공기를 운반하는 혈액, 물의 성질을 띠는 점액, 차가운 흙을 함유한 흑담즙, 불로 가득 채워진 황담즙을 일컫는다. 각 체액은 사람의 기질을 좌우한다고 여겨졌는데, 이를테면 혈액이 우세한 사람은 낙천적이고 변덕이 심하다. 반면 점액이 우세한 사람은 깊은 물처럼 평온하다. 흑담즙이 많으면 멜랑콜리라고도 불리는 우울감에 빠져들며, 황담즙이 많으면 성마르고 화를 잘 낸다.

신진대사의 발견 **p.54** 혈액 순환 **p.56** 세균 이론 **p.104** 항생제 **p.130** 온도계 **p.187** 빅데이터 **p.214**

연금술 Alchemy

주요 과학자: 자비르 이븐 하이얀 • 파라켈수스 • 헤니히 브란트 • 알베르투스 마그누스

그리스 자연 철학자의 지적 사유와 비교해서, 연금술사가 자연을 탐구한 방식은 좀 더 실천적이었다. '연금술'의 기원을 설명하는 가장 적절한 표현은 '알크미(Al-Khmi)의 땅에서'라는 구절로, 여기서 알크미란 이집트를 가리키는 고대 아랍어 명칭이다. '크미'(Khmi)는 '검은 흙으로 이루어진 땅'을 의미하는데, 기원전 2세기에 연금술이 뿌리내린 나일강 삼각주의 비옥한 토양과 관련이 있다. 현대인이 보기에 연금술사는 과학자보다 마법사에 가깝다. 그들은 마법과 과학을 구별하지 않았으며, 실험 도중 주문을 읊어 정령을 소환하는 의식이 연금술에서 중요한 부분을 차지했다. 더구나 연금술사는 부와 권력을 얻는 것이 목표였으므로 비밀리에 연구를 수행했다. 특히 자비르 이븐 하이얀(721~831년경)의 연구는 이해하기 어려웠던 까닭에 그의 이름에서 '횡설수설'(gibberish)이라는 단어가 탄생하기도 했다. 그렇다고 해도 연금술사는 화학 물질을 정밀하게 연구하려면 필요한 수많은 장치와 유리 기구를 개발한 공로가 있다.

중요한 진전

연금술사는 주요 목표인 부와 영생을 추구하면서 부수적으로 자연을 배웠다. 그들은 값싼 물질을 금으로 바꾸는 마법의 물질인 '현자의 돌', 모든 병을 치료하고 영생을 가져다주는 묘약 '엘릭서'를 찾아다녔다. 화학은 중국의 연금술사가 불멸의 생을 추구하던 중에 우연히 발견되었고, 원소와 화합물 반응에 관한 깊이 있는 지식은 현자의 돌을 찾는 과정에서 축적되었다.

아버지 피터르 브뤼헐(1525~1569)의 판화 작품 〈연금술사〉(1558년 이후).

기체 법칙 **p.60** 과학적 절차 **p.182** 표준 측정 **p.185**

이슬람 과학 Islamic Science

주요 과학자: 알 라지 • 알하이삼 • 알 비루니

페르시아 출신 과학자이자 철학자인 아부 바크르 무하마드 이븐 자카리야 알 라지(일반적으로 '알 라지'로 불림)는 이슬람 세계에서 가장 위대한 의사로 널리 알려져 있다.

중요한 진전
십자군의 귀환과 함께 서유럽에 들어온 이슬람 연구자의 업적은 수도사 겸 과학자였던 알베르투스 마그누스(1199~1280)와 로저 베이컨(1220~1292경) 같은 사람들에게 지대한 영향을 주었다. 당시 유럽은 기독교 교리와 융합된 아리스토텔레스 철학을 기반으로 현상을 설명하는 스콜라주의에 사로잡혀 있었다. 기독교 교리에서 지나치게 벗어나는 경우 누구나 마법사로 낙인찍힐 위험을 각오해야 했다.

교육을 중요하게 여긴 이슬람의 교리 덕분에, 세계 과학의 중심축은 8세기 무렵 중동 지역으로 이동했다. 바그다드에 설립된 '지혜의 집'은 알렉산드리아 대도서관이 수행했던 세계 학문의 중추 역할을 물려받았다. 이슬람의 연금술사는 부와 영생을 추구하는 것에서 이윤을 남기는 실용적 방법을 찾는 방향으로 연금술의 목표를 (완전히는 아니지만) 확장했다. 확장된 목표에는 향수 보존법을 알아내거나, 특히 고대 세계에서 인기가 높았던 파란색 도자기에 쓰이며 오랜 기간 유지되는 안료 및 유약의 제조법을 개발하는 것이 포함되어 있었다. 이러한 목표를 달성하기 위해 이슬람의 연금술사는 대상을 정밀하게 측정해 결과를 명확히 기록해야 했고, 그 결과 현대 화학으로 향하는 길에 거대한 발자취를 남기게 되었다. 당대에 주목할 만한 연금술사로는 테헤란 북부 고지대에 살았던 알 라지(854~925)로, '알쿨'(al-kuhl)이라는 용어를 만들었다고 알려졌는데, '알쿨'이란 물질의 '본질' 혹은 '영혼'을 의미하며 이 용어에서 영어 단어 '알코올'(alcohol)이 유래했다. 이와 유사하게, 산을 중화하는 모든 물질을 지칭하는 영어 단어 '알칼리'(alkali)는 석회와 물의 혼합물을 뜻하는 아랍어 단어 알 칼리이(al qaliy)에서 나왔다.

카메라옵스큐라 p.46 혈액 순환 p.56 과학적 절차 p.182

르네상스 The Renaissance

주요 과학자: 레오나르도 다빈치 • 미켈란젤로 • 니콜라우스 코페르니쿠스

르네상스는 15세기 이탈리아 상업 도시에서 시작해 유럽 전역으로 확산한 과학, 예술, 문화의 부흥기이다. '르네상스'란 직역하면 '부활'이라는 뜻으로, 유럽이 잃어버렸던 무언가를 회복하는 시기를 가리키는 표현이다. 르네상스는 고대 그리스 세계로부터 중동 이슬람 문화권으로, 그리고 무역로를 따라 서유럽으로 이어지는 새로운 지식의 흐름을 만들어냈다. 르네상스 초기에는 오래된 관념을 검증하고 규칙에서 벗어나 새로운 일을 시도하도록 영감을 받은 수많은 분야의 전문가들이 눈에 띄게 활약했다. 그들 중에는 레오나르도 다빈치(1452~1519)가 있는데, 주로 화가로 알려져 있으나 탱크와 비행 기계를 스케치한 다작의 발명가이기도 하다. 미켈란젤로(1475~1564)는 작품의 금기를 깨고 그것이 작품 안에서 교묘히 드러나도록 숨겨두었다. 일례로 시스티나 성당에 그린 벽화 〈아담의 창조〉를 들 수 있으며, 이는 인간 두뇌 해부도로서 신과 천사들이 뇌의 내부 구조를 형상화한다. 기독교 교리가 시체 해부를 금지했다는 점에서, 바티칸 내에 그려진 이 벽화는 무척 파격적이었다.

중요한 진전

르네상스 시대에도 기독교 교리는 아리스토텔레스가 가르친 대로 지구를 여전히 우주의 중심에 두었다. 1543년 폴란드의 성직자 겸 천문학자인 니콜라우스 코페르니쿠스(1473~1543)는 감히 상상조차 할 수 없는 가설을 제시했다. 지구가 태양 주위를 도는 또 다른 행성일 뿐이라는 것이었다. 그는 자신의 가설을 증명할 수 있는 관측 데이터도 확보했다. 하지만 그는 그러한 이단적인 가설을 알리는 행동이 얼마나 위험한지 명확히 인지하고, 죽음이 임박한 시점까지 가설 발표를 미뤘다.

바티칸 시스티나 성당 천장에 그려진 프레스코화의 일부인 미켈란젤로의 작품 〈아담의 창조〉(1512년경).

굴절과 무지개 **p.48** 상동 기관의 발견 **p.50** 과학적 절차 **p.182**

과학 혁명 The Scientific Revolution

1650 ~ 1750

주요 과학자: 윌리엄 길버트 • 아이작 뉴턴 • 갈릴레오 갈릴레이 • 로버트 보일 • 요하네스 케플러

17세기에 들어서 과학 연구는 이전과 다르게 엄격함을 추구했고, 이는 현대 과학의 시작을 알렸다. 전 세계의 연구자는 다른 연구자가 발견한 사항을 바탕으로 차츰 새로운 연구 체계를 구축하기 시작하고, 그 결과 세계에 대한 인간의 이해가 큰 폭으로 변화했다. 예컨대 윌리엄 길버트(1544~1603)는 나침반을 공 모양 자석 위에 두면 지구 표면에서와 같은 현상이 일어난다는 것을 보이며 실험의 위력을 증명했고, 지구가 공 모양 자석과 같다는 결론을 내렸다. 갈릴레오 갈릴레이(1564~1642)는 보편적인 운동 법칙을 발견하기 위해 측정과 수학을 활용하기 시작했다. 요하네스 케플러(1571~1630)도 마찬가지로 행성 운동 법칙을 규명하면서 측정과 수학을 이용했고, 이는 지구가 태양 주위의 궤도를 돌고 달이 지구 주위의 궤도를 돈다는 이론의 확립에 도움을 주었다. 이들이 구축한 체계는 아이작 뉴턴(1642~1727)이 1660년대에 운동과 중력의 법칙을 공식화하도록 이끌었다. 물리학 분야와 흡사하게, 생물학과 의학 분야에서는 윌리엄 하비(1578~1657)가 과학적 접근법을 사용하여 혈액이 체내에서 순환한다는 사실을 증명했다.

중요한 진전

영국계 아일랜드인 과학자 로버트 보일(1627~1691년)은 1661년 저서 《회의적 화학자》로 현대 화학의 기초를 세웠다. 이 책에서 보일은 연금술을 지배한 마법과 신비주의를 반박하며, 체계적인 관찰을 통해 물질을 바라보는 관점을 구축하자고 주장했다. 로버트 보일의 연구는 원자론과 열역학 법칙으로 이어지는 길을 열었다.

요하네스 케플러는 독일의 저명한 천문학자로 중세 시대에 퍼졌던 행성 운동에 관한 그릇된 지식을 바로잡았다.

진자의 법칙 **p.52** 중력 가속도 **p.55** 혈액 순환 **p.56** 기체 법칙 **p.60**
과학적 절차 **p.182** 그래프와 좌표 **p.183**

과학 기관의 출현

The Rise of the Scientific Institution

주요 과학자: 블레즈 파스칼 • 마랭 메르센 • 르네 데카르트 • 로버트 훅 • 에드먼드 핼리 • 벤저민 프랭클린

영국 버밍엄 히스필드 지역에서 열린 '루나소사이어티'(영국 지식인들의 사교모임)를 묘사한 19세기 판화 작품.

의사소통은 과학적 방법을 구성하는 중요한 요소로, 과학자는 연구 결과를 공유하여 다른 과학자가 그 결과를 평가하고 실험을 재현하며 후속 연구를 진행할 수 있게 한다. 바로 그러한 목적을 달성하기 위하여, 오늘날 모든 분야의 과학자가 학술원과 대학교와 학회를 기반으로 전 세계 과학자들과 관계망을 형성한다. 이들 기관의 기원은 모두 17세기 중반 파리와 런던에 존재했던 두 개의 단체로 거슬러 올라간다. 프랑스의 파리지엔 아카데미(Académie Parisienne)는 수도사 마랭 메르센(1588~1648)이 이끄는 비공식 단체로서 엄선된 학자들과 널리 서신을 주고받으며 최신 연구 성과를 전파했다. 이후 1666년 과학 아카데미(Académie des sciences)가 되었다. 영국에서는 로버트 훅(1635~1703), 에드먼드 핼리(1656~1742), 로버트 보일이 보이지 않는 대학(Invisible College)이라 불리는 유사 단체를 이끌었고, 1660년 설립된 세계에서 가장 오래된 과학 아카데미인 왕립학회의 창립회원으로 활동했다.

중요한 진전

18세기에 들어서면서 몇몇 국립 과학 아카데미와 더불어 흥미로운 최신 과학성과를 대중에게 알리는 소규모 기관이 등장했다. 이를테면 증기 기관의 선구자인 제임스 와트(1736~1819) 같은 엔지니어 및 사업가들은 벤저민 프랭클린(1706~1790)을 비롯한 과학자와 버밍엄 지역의 사교 모임에서 교류했는데, 이 모임은 보름달이 뜨는 날마다 개최된다고 하여 루나소사이어티(Lunar Society, 만월회)라고 불렸다.

훅의 법칙 **p.62** 스펙트럼 **p.66** 공중에 매달린 소년 **p.68** 지구의 무게 **p.74**
만유인력 **p.158** 과학적 절차 **p.182**

화학의 태동 The Birth of Chemistry

주요 과학자: 조지프 블랙 • 조지프 프리스틀리 • 앙투안 라부아지에

18세기 초에 대유행한 광물 연구는 학생들이 새로운 치료 물질을 탐색하는 의과대학에서 주로 진행되었다. 1750년대에 스코틀랜드에서 의학을 공부하던 조지프 블랙(1728~1799)은 신장 결석 치료법을 찾다가 특정 기체를 발견했고, 심층적으로 연구한 끝에 발견한 기체를 '고정된 공기'라고 명명했다. 광물로 이루어진 '암석' 안에 갇혀 있던 기체가 열을 받아 방출된 듯했기 때문이다. 고정된 공기는 오늘날 이산화탄소로 알려져 있다. 그리하여 조지프 블랙은 세계 최초의 실험 화학자가 되었다. 1766년 헨리 캐번디시(1731~1810)는 금속과 산을 반응시켜 '가연성 공기'를 발견했다. 다니엘 러더퍼드(1749~1819)는 질식을 유발하고 화학 반응을 일으키지 않는 기체 일부를 대기에서 분리하고, 그 기체에 '플로지스톤 공기'라는 이름을 붙였다(이 명칭은 해당 기체 속에서 물질이 타지 않음을 의미하며, 오늘날 이 기체는 질소라고 불린다). 기체 연구, 다른 말로 공기 화학은 1774년 조지프 프리스틀리(1733~1804)가 연소를 촉진하는 기체이자 지금은 산소로 알려진 '디플로지스톤 공기'의 발견을 알렸을 때 절정에 이르렀다. 이러한 발견을 발판으로 후대 화학자들은 네 가지 원소(물, 흙, 공기, 불)만 존재한다는 고대 이론이 그릇된 생각이라는 것을 증명해냈다.

중요한 진전

화학이 태동하던 초기에는 예컨대 분필, 석회암, 조개껍데기가 근본적으로 같은 물질(탄산칼슘)이라는 것을 이해하지 못했기 때문에 연구할 물질이 무궁무진했다. 그러나 성질이 뚜렷한 공기, 즉 기체가 발견되면서 자연 물질과 인공 물질은 모두 오늘날 원소로 알려진 단순한 재료의 독특한 조합으로 이루어졌다는 사실이 밝혀졌다.

제임스 길레이(1756~1815)가 남긴 이 유명한 풍자 식각화의 제목은 〈과학 연구! 공기 역학의 새로운 발견!〉이다. 이 작품은 18세기 말 화학을 향한 대중의 관심이 증가하고 있음을 보여주는데, 험프리 데이비(오른쪽)와 토머스 가넷이 지원자에게 새로운 '공기'를 투여하는 장면이 그려져 있다.

기체 법칙 **p.60** 산소 **p.72** 질량 보존의 법칙 **p.76** 전기 분해 **p.84** 생기론 **p.92**
원자핵 **p.126** 원자론 **p.159** 주기율표 **p.162** 증류법 **p.204**

과학과 산업 혁명
Science and the Industrial Revolution

1750 ~ 1900

주요 과학자: 알레산드로 볼타 • 험프리 데이비 • 사디 카르노 • 한스 크리스티안 외르스테드 • 제임스 프레스콧 줄 • 켈빈 경

산업 혁명기에 근대 경제는 제일 처음 영국에서, 이어서 북유럽과 북아메리카에서 태동했다. 그에 따른 변화는 농경의 발달 이후로 사회에 가장 격렬한 변동을 일으켰다.

산업 혁명은 운동, 힘, 열, 전기의 본질에 대한 깊이 있는 이해를 끌어낸 과학적 대격변의 결과이다. 과학자들은 당대에 개척한 해상 무역로를 최대한 활용하기 위하여 과학이 이룩한 새로운 성과를 이용했다. 이를테면 '뜨거운 기체'(증기)는 열을 운동으로 바꾸는 과정에 사용되었고, 개선된 제련 기술은 실을 잣고, 천을 짜고, 가루를 빻고, 곡식 낟알을 채취하는 작업을 자동화하는 기계를 대량 생산하는 데 쓰였다. 이에 따라 광부, 철강업 노동자, 도공, 선원, 철도 노동자 등 새로운 직업이 생겨났다. 몰리브덴, 알루미늄, 크롬과 같이 새롭게 발견된 금속은 단단하고 녹이 잘 슬지 않지만 가벼운 합금을 개발하는 데 활용되었고, 그러한 금속을 섞어서 만든 다양한 색상의 혼합물은 안료 및 페인트 분야에 새로운 산업을 창출했다.

중요한 진전

산업 혁명을 이끈 원동력은 증기 기관으로, 석탄의 연소열로 생성된 고압 증기가 실린더 내부에서 피스톤을 앞뒤로 밀어내는 장치이다. 최초의 실용적인 증기 기관은 1712년 토머스 뉴커먼(1664~1729)이 발명한 '대기압 기관'이고, 그 대기압 기관을 제임스 와트가 더욱 크고 강력하게 개량했다. 연료가 폭발하여 발생한 고온의 기체를 기계적인 일로 변환하는 내연 기관은 1807년에 발명되었다.

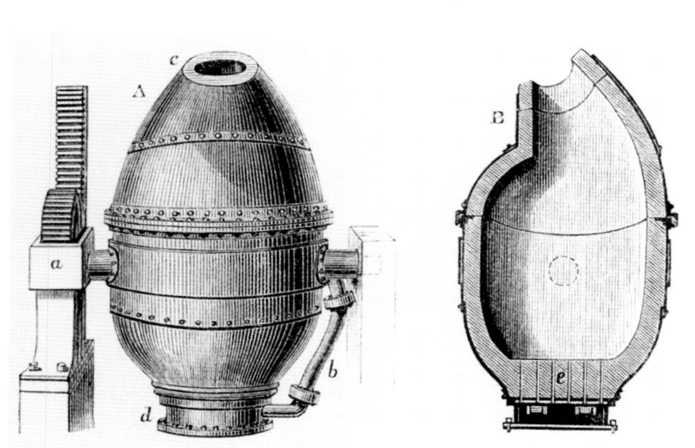

FIG. 24.—*Bessemer Converter.*
A, Front view, showing the mouth, *c*; B, Section.

영국의 공학자 헨리 베서머(1813~1898)는 1850년대에 고품질 강철을 제조하는 방법을 개발했다. 서양배 형태의 용기(A)에 쇳물을 붓고 그 안에 공기를 불어넣어 불순물을 태워 제거한다.

→ 진자의 법칙 **p.52** 공기 무게 측정 **p.58** 열역학 법칙 **p.160** 온도계 **p.187**

박물학과 생물학

Natural History and Biology

주요 과학자: 카를 린나이우스 • 찰스 다윈 • 니콜라스 스테노 • 길버트 화이트 • 알렉산더 폰 훔볼트

영국의 선구적인 박물학자이자 생태학자·조류학자인 길버트 화이트(1720~1793)의 1789년 저서 《셀본의 박물학》에 실린 권두 삽화.

의학과 분명하게 구별되는 과학으로서의 생물학은 과학 혁명기에 마지막으로 등장한 주요 학문이었다. 물론 과거에 자연 철학자들도 생물학을 다루었지만, 칼 폰 린네(1707~1778)가 창안한 이항명명 분류체계 덕분에 생물종의 정확한 기술이 가능해지면서 과학자는 생물의 거대한 다양성을 다룰 수 있게 되었다. 이는 19세기 초 활발한 연구 활동으로 이어졌는데, 알렉산더 폰 훔볼트(1769~1859)와 찰스 다윈(1809~1882) 같은 탐험가들은 세계를 탐험하고 곳곳에 서식하는 생명체들이 너무나도 다채로운 동시에 공통의 특징과 행동을 보이는 이유가 무엇인지 의문을 품은 채 귀환했다. 다윈은 탐험에서 얻은 성과를 기반으로 자연 선택에 의한 진화론을 발전시킨 것으로 유명하다. 훔볼트가 남긴 유산 중 하나는 생태학으로, 야생 생물 군집이 환경과 어떻게 상호 작용하는지를 연구한다. 20세기에는 과학 기술의 발전으로 생물학이 새롭게 통합되면서 생명을 화학과 지질학에서 유래한 현상으로 여기게 되었다.

중요한 진전

덴마크 주교 닐스 스텐센(1638~1686)은 라틴어 이름인 니콜라스 스테노로 더욱 유명하다. 스테노의 연구는 진화생물학과 고생물학, 지질학이 만나는 교차점에 놓여있다. 1660년대에 그는 형태가 혀와 유사한 설석(tongue stone)을 관찰하고, 설석에 상어 이빨과 똑같은 톱니 구조가 있음을 발견했다. 그리고 실제로 설석이 과거에 한동안 살았던 생명체가 석화되어 남은 잔해, 즉 오늘날의 화석에 해당한다고 결론지었다.

미생물의 발견 **p.64** 세균 이론 **p.104** 자연 선택에 의한 진화 **p.161**
생물학의 중심 원리 **p.172** 세포 내 공생설 **p.173**

지질학과 지구 과학

Geology and the Earth Sciences

주요 과학자: 제임스 허턴 • 루이 아가시 • 찰스 라이엘

지질학(지구를 구성하는 물질을 다루는 학문)의 아버지는 스코틀랜드의 농부였던 제임스 허턴(1726~1797)으로, 그는 특정 지역에서 암석이 형성되는 과정을 관찰했다. 형성된 암석들 가운데 일부는 지하에 묻혀있었고, 다른 일부는 다양한 역학적 과정을 거쳐 지표면에 노출되었다. 허턴은 암석으로 이루어진 층, 즉 지층이 존재한다는 사실을 발견한 최초의 인물은 아니지만, 지구 표면에서 암석이 형성되며 상부 지층의 암석보다 하부 지층에 속한 암석이 더 오래되었다는 동일 과정설을 제안했다. 오래된 암석은 현재 지표면에서 변화하는 중인 암석과 같은 과정을 거쳐 형성되었다. 따라서 우리는 제각기 다른 시기에 형성된 고대 암석의 구성을 조사하여 먼 옛날의 지표면은 어떠했는지 추정할 수 있다. 허턴의 연구는 지구가 놀랄 만큼 오래되었다는 결론으로 도달했고, 이는 찰스 다윈에게 특히 깊은 영향을 주었다. 또한, 1840년에 루이 아가시(1807~1873)는 빙하기가 존재했다는 첫 증거로서 지구가 넓은 면적에 걸쳐 빙하로 덮여 있었음을 증명하기 위해 허턴의 이론을 인용했다.

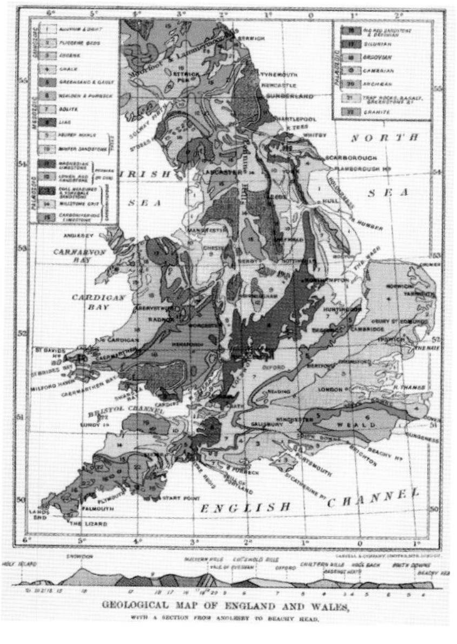

중요한 진전

허턴의 뒤를 이은 지질학자들은 암석 순환으로 알려진 암석 형성 과정의 전체적인 그림을 그렸다. 지하 깊숙한 곳에서 융해된 물질은 지표면으로 밀려날수록 차갑게 식어 단단한 암석이 된다. 산봉우리 내부에 가해지는 높은 압력은 암석의 구성 요소를 바꾸고, 침식 작용은 암석을 작은 알갱이로 쪼갠다. 암석 알갱이에서 유래한 퇴적물은 석화되어 새로운 종류의 암석을 형성한다. 마지막으로 암석은 지구 깊숙한 곳으로 침강하고 융해되어 암석 순환을 되풀이할 준비를 마친다.

이 19세기 지질도는 잉글랜드와 웨일스의 땅덩어리를 구성하는 다양한 암석층을 일부 보여준다.

멸종의 증명 **p.82** 자연 선택에 의한 진화 **p.161** 판 구조론 **p.164**
지진계 **p.196** 방사성 탄소 연대 측정법 **p.197**

전기 Electricity

1800 ~ 1830

주요 과학자: 알레산드로 볼타 • 벤저민 프랭클린 • 마이클 패러데이

전기는 고대부터 연구되었다. 기원전 7세기에 탈레스가 호박(amber)에 먼지가 달라붙었다가 떨어지는 현상을 관찰한 까닭에, 그 현상에 '호박'을 의미하는 그리스어 엘렉트라(elektra)라는 이름이 붙었다. 18세기 중반에 정전기는 금속 박막에 싸인 유리 용기, 즉 라이덴병에 저장되었다. 이는 벤저민 프랭클린이 번개의 전하를 담으려고 했던 장치 중 하나였으며, 결국 번개를 라이덴병에 담지는 못했지만(다른 연구자들은 시도하던 도중 사망했다), 전하에 양전하와 음전하가 있다는 아이디어를 널리 알렸다.

1800년에 알레산드로 볼타(1745~1827)는 화학 반응을 토대로 전하의 지속적인 흐름, 즉 전류를 일으키는 현대식 배터리를 최초로 만들었다. 다양한 형태의 배터리 덕분에 연구자들은 에너지를 지속적으로 공급하여 빛을 밝히거나 기계를 가동할 수 있게 되었다.

중요한 진전

1820년 전기와 자기의 연관성이 밝혀졌고 1년 뒤인 1821년에는 마이클 패러데이(1791~1867)가 전기력과 자기력을 이용해 모터를 만들었다. 이때 제작된 모터는 전선과 자석 간의 반발력과 인력을 기반으로 연속 회전 운동을 유도하는 상당히 원시적인 모델이었다. 10년 후 패러데이는 자기장에서 전선을 움직이면 전선에 유도 전류가 흐른다는 사실을 밝혔다. 그 덕분에 패러데이는 모터뿐만 아니라 전기 발전기도 발명할 수 있었다.

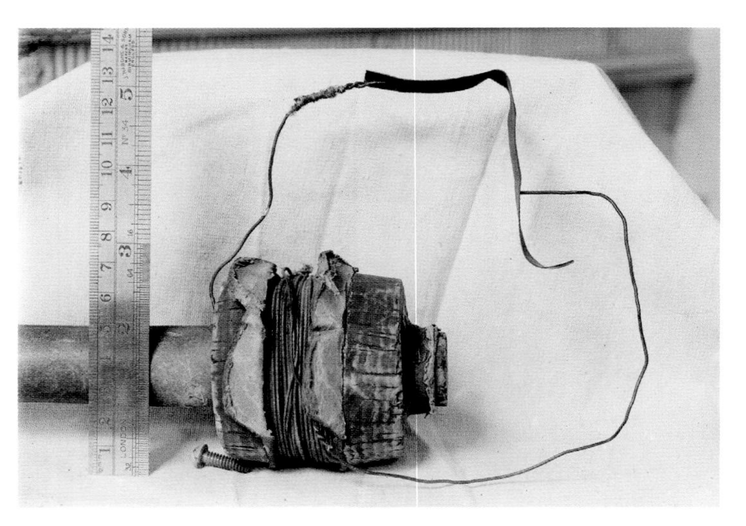

마이클 패러데이가 '작지만 매우 또렷하게' 불꽃을 일으켰다고 설명한 전선 코일.

공중에 매달린 소년 p.68 동물 전기 p.78 전기 분해 p.84 전기와 자기의 통합 p.88

세포설 Cell Theory

1830 ~ 1850

주요 과학자: 로버트 훅 • 마티아스 슐라이덴 • 테오도어 슈반

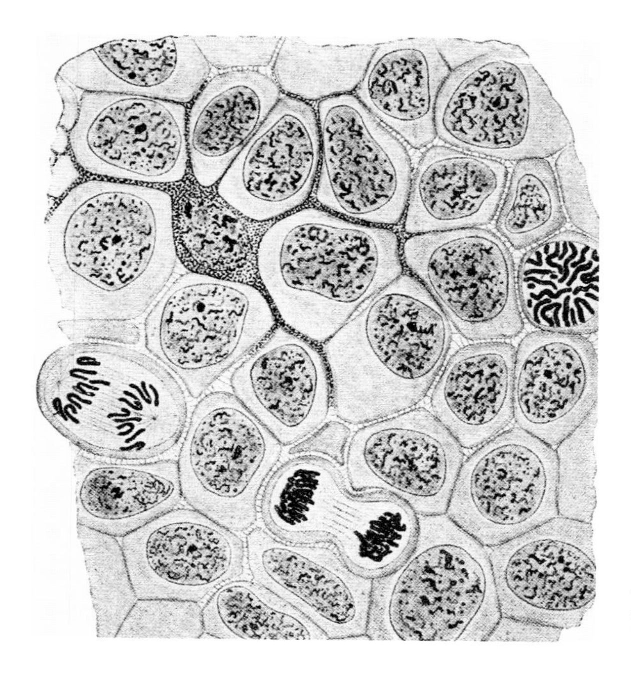

고배율로 확대한 도롱뇽의 피부 조직 세포. 1908년 윌리엄 A. 로시가 발표한 《생물과 조물주》에서 발췌.

중요한 진전

현미경 기술이 발전하면서 세포설을 뒷받침하는 근거도 늘어났다. 1850년대 과학자들은 세포가 두 개로 나뉘는 과정인 체세포 분열에 수반되는 복잡한 단계를 관찰했다. 이는 기존 세포에서 새로운 세포로 정보가 어떻게 전달되는지, 그리고 그러한 과정이 부모에게서 자손으로 대물림되는 유전 현상과 관련이 있는지에 관한 호기심을 유발했다. 이러한 의문의 답은 유전학이라는 완전히 새로운 분야와 자연 선택에 의한 진화론으로 이어졌다.

로버트 훅은 1665년 생물을 현미경으로 처음 관찰하여 발견한 사항을 저서 《마이크로그라피아》에 기록했다. 그가 발견한 것 중에는 코르크 마개 내부의 미세한 구조 단위도 있었는데, 훅은 그러한 구조 단위를 수도승이 머무는 거처(또는 당시 죄수가 갇히는 지하 감옥의 공간)로서 '세포'(cell)라고 불리던 좁은 방에 비유했다. '세포'라는 용어는 널리 받아들여졌고, 그로부터 약 170년이 흐른 뒤에 모든 생명의 기본 단위를 의미하게 되었다. 이것이 세포설로, 독일의 식물학자 마티아스 슐라이덴(1804~1881)과 독일의 동물 생리학자 테오도어 슈반(1810~1882)이 커다란 업적을 남겼다. 세포설의 세 가지 핵심 개념은 다음과 같다. 첫째, 모든 유기체는 하나 이상의 세포로 구성된다(이 개념은 바이러스는 유기체가 아니며, 따라서 생물이 아니라는 것을 의미한다). 둘째, 세포는 생물의 근간을 이루는 구조 단위이다. 셋째는 이들 중 가장 심오한 개념으로, 모든 세포는 이미 존재하는 세포로부터 나온다. 세포 이론은 특히 몸집이 작은 생물이 부패한 물질에서 자연적으로 발생한다고 주장하는 자연 발생설에 종말을 고했다.

미생물의 발견 **p.64** 염색체의 기능 **p.109** 시트르산 회로 **p.139** 생명의 기원 **p.140**
생물학의 중심 원리 **p.172** 줄기세포 **p.207**

공중 보건 Public Health

주요 과학자: 존 스노 • 이그나츠 제멜바이스 • 존 그랜트

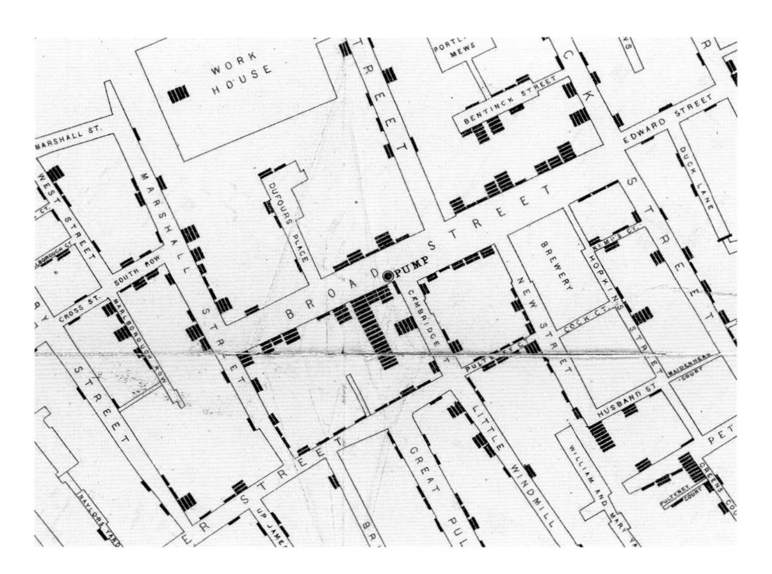

존 스노가 런던 중심부에서 발생한 콜레라의 원인을 규명하는 과정에 사용한 소호 지구의 지도

세계의 도시화는 수백만 명의 사람들을 비위생적인 환경에서 모여 살게 했고, 19세기에 들어서면서 오물로 오염된 식수 속 세균이 유발하는 질병, 특히 콜레라가 유행하는 완벽한 조건을 조성했다. 그러나 1850년대에는 이러한 인과관계를 인지하지 못하고, 대신에 악취를 풍기는 나쁜 공기인 '미아즈마'(miasma)나 배를 차갑게 하는 것을 콜레라의 원인으로 보았다. 콜레라가 당대 런던 빈민가인 소호 지구를 강타했을 때, 그 지역의 의사 존 스노(1813~1858)는 환자 분포 지도를 작성하고 환자들에게 일상 활동에 대해 질문하며 조사를 시작했다. 그 결과 콜레라 환자가 발생한 가정에서 모두 같은 공동 펌프에서 물을 끌어다 썼다는 것을 발견했다. 존 스노는 지역 이사회에 펌프를 폐쇄해야 한다고 설득했고, 펌프가 폐쇄되자 소호 지구에서 감염병 확산이 사그라졌다. 존 스노는 질병이 지역 사회에 미치는 영향을 연구하는 과학 분야인 전염병학의 창시자로 이름을 남겼다.

중요한 진전

존 스노가 탐정처럼 콜레라의 뒤를 밟으며 연구한 끝에 위생과 질병 사이의 강한 상관관계가 드러났고, 이후 수십 년간 질병의 세균이론을 통해 증명되었다. 1844년 헝가리 의사 이그나츠 제멜바이스(1818~1865)는 의료진이 분만을 돕기 전에 손을 씻으면, 산모가 소위 '산욕열'과 같은 감염병으로 사망할 가능성이 훨씬 낮아진다는 명백한 통계 증거를 제시했다. 하지만 안타깝게도 제멜바이스가 얻은 통계 데이터는 그가 사망한 뒤에도 외면 당했다.

미생물의 발견 p.64 세균 이론 p.104 항생제 p.130 그래프와 좌표 p.183 임상 시험 p.208

새로운 물리학 The New Physics

1900 ~ 1925

주요 과학자: 막스 플랑크 • 알베르트 아인슈타인 • 닐스 보어

독일 과학자 막스 플랑크(1933년 촬영)는 양자 이론 분야에 남긴 업적을 인정받아 1918년 노벨 물리학상을 받았다.

중요한 진전

아인슈타인의 가장 눈부신 업적은 방정식 $E=mc^2$이다. 이 수학 공식은 에너지(E)와 질량(m)이 어떻게 동등한지 가르쳐준다. 척도 인자(scaling factor)는 빛의 속력(c)의 제곱이다. 이 척도 인자는 17자리에 해당하는 무척 큰 숫자이므로 작은 질량도 막대한 규모의 에너지를 포함하며, 따라서 핵반응이 일어나면 거대한 에너지가 방출된다.

1878년 막스 플랑크(1858~1947)는 대학교 지도교수에게 물리학을 전공하지 말라는 조언을 받았다. '물리학의 거의 모든 것이 발견'되었다는 이유에서다. 하지만 조언을 귀담아듣지 않았던 플랑크는 세기가 바뀌는 무렵에 양자 물리학에서 최초의 발견을 성취했는데, 그 발견을 구체적으로 말하자면 원자가 방출하거나 흡수하는 빛과 방사선은 양이 고유하며 불연속적인 양자화 된 에너지 덩어리라는 것이다. 플랑크의 발견은 원자 및 아원자 입자에 대한 확률론적 이해로 진화했으며, 그에 따르면 고전 물리학자가 확신했던 바와 다르게 입자의 거동과 특성은 고정되어 있지 않았다. 이러한 물리학의 발전은 물체 운동을 지배하는 역학 법칙, 그리고 빛과 방사선을 지배하는 전자기 법칙 간의 모순을 극적으로 완화하기도 했다. 알베르트 아인슈타인(1879~1955)은 빛을 내는 물체가 서로 다른 속력으로 움직일 때도 빛이 같은 속력으로 이동하는 것처럼 보이는 이유가 궁금했다. 이에 관한 답이 일반상대성이론으로, 이 이론에서 시공간은 불변하거나 절대적이지 않으며 가속이나 감속에 의해 역동적으로 변화한다.

빛의 속력 **p.98** 전자의 발견 **p.114** 파동-입자 이중성 **p.128**
불확정성 원리 **p.166** 가이거-뮐러 계수관 **p.191**

우주의 크기 The Size of the Universe

1900 ~ 1930

주요 과학자: 에드윈 허블 • 헨리에타 스완 리비트 • 베스토 슬라이퍼 • J.J. 톰슨 • 마리 퀴리 • 어니스트 러더퍼드

20세기 초 30년 동안 물리학은 우주의 광대한 크기는 물론 원자 내부 깊숙이 존재하는 극미 입자를 탐구하며 인류의 시야를 넓혔다. 입자 물리학자는 원자보다 작은 아원자 입자인 전자·양성자·중성자가 거시세계에서 관찰되는 화학적·물리적 특성을 뒷받침하는 근거로 작용할 수 있음을 발견했다. 예를 들어 전자 배치는 원자의 반응성·밀도·전도성과 관련이 있고, 원자핵의 구조는 방사능과 연결되며, 원자핵의 질량은 원자 질량의 대부분을 차지한다. 다른 한 편으로 천문학자는 어느 정도 확신을 품고서 별까지의 거리를 측정할 수 있게 되었고, 우리 은하가 우주의 아주 작은 일부에 불과하며 수 광년에 달하는 거리를 두고 이웃 은하와 떨어져 있음을 발견했다. 우리 은하는 은하단의 일부이고, 여러 은하단은 모여서 초은하단을 형성하며, 그러한 초은하단이 형성하는 필라멘트 및 시트 구조는 비눗방울의 표면처럼 비어있는 거대한 공간을 둘러싸고 있다.

중요한 진전

원자에 얽힌 놀라운 사실은 원자 공간이 대부분 비어있다는 점이다. 원자 구조를 가장 단순화한 모형은 움직이는 전자로 이루어진 껍질의 중심에 빽빽하게 뭉쳐진 원자핵을 상상한 것이다. 전자껍질의 지름이 축구 경기장만 하다면, 원자핵의 크기는 경기장 중앙에 놓인 축구공만 할 것이다.

헨리에타 스완 리비트(1868~1921)는 별빛의 밝기와 은하 간 거리를 측정하고 상관관계를 확립한 미국의 선구적인 천문학자이다.

도플러 효과 **p.94** 빛의 속력 **p.98** 분광학 **p.102** 우주배경복사 **p.146**
외계 행성 **p.148** 인플레이션 우주 **p.176**

과학과 공익

Science and the Public Good

1940 ~ 1955

주요 과학자: J. 로버트 오펜하이머 • 리처드 파인먼 • 앨런 튜링 • 윌리엄 쇼클리

트리니티(Trinity)라는 코드명이 붙은 최초의 핵무기 실험은 1945년 7월 16일 뉴멕시코주의 호르나다 델 무에르토 사막에서 미 육군에 의해 이루어졌다. 그로부터 3주 후 미 공군은 일본의 히로시마와 나가사키에 원자 폭탄을 투하하여 제2차 세계대전을 종식시켰다.

제2차 세계대전이 진행되는 동안 과학자들은 적군을 물리칠 무기를 개발하려고 분투했다. 종전 이후에는 전쟁에서 승리하기 위해 사용되었던 기술 중 일부가 평화적 목적 달성에 적용되기도 했다. 예컨대 전쟁 목적으로 개발된 제트 엔진과 전파 탐지 기술은 안전하고 신뢰할 수 있으며 일반인도 혜택을 누릴 수 있는 비행기 여행으로 개선하는 데 쓰였다.

전파 탐지기 연구는 전자레인지의 발명으로도 이어졌으며 전파 수신기에 쓰이는 순수한 실리콘 결정은 반도체와 마이크로칩을 제조할 때 기초 물질로 사용된다.

컴퓨터도 마찬가지로 전쟁 중에 발명되었는데, 최초의 컴퓨터는 대포를 발사할 때 표적 데이터를 신속히 계산하고 적군의 암호를 해독하는 데 사용된 전자계산기이다. 최초의 우주선은 장거리 미사일로 설계된 초음속 로켓이었다. 우주선이 최초로 개발된 이후, 우주선에 쓰이는 기술은 우주인 또는 로봇 장비를 태운 수많은 인공위성을 발사하여 우주를 탐사하거나 인류 대신 다른 행성을 방문하는 데 적용되었다.

중요한 진전

제2차 세계대전은 번개처럼 빠른 연쇄 반응이 수반되는 원자 분열을 통해 어마어마한 폭발을 일으키는 핵무기로 종식되었다. 그러한 폭탄을 만들기 위해 과학자들은 원자로를 만들고 제어하는 법을 알아내야 했는데, 당시 과학자들이 세운 업적에서 탄생한 오늘날의 원자로는 전 세계 전기의 10%를 생산한다. 원자로는 또한 생명을 구하는 의료 행위에 필요한 방사성 물질을 제조할 때도 활용된다.

전자기파의 발견 **p.110** 방사능의 발견 **p.112** 핵분열 **p.136** 튜링 기계 **p.138**

전자 공학과 연산
Electronics and Computation

주요 과학자: 앨런 튜링 • 존 폰 노이만 • 조지 불 • 윌리엄 쇼클리 • 잭 킬비

최초의 범용 전자식 컴퓨터인 애니악(ENIAC, 전자식 숫자 적분 및 계산기)의 배선을 연결하는 기술자들. 애니악은 제2차 세계대전 동안 미 육군으로부터 재정적 지원을 받았다.

전자 공학은 전류와 같은 전자의 흐름을 제어하는 기술이다. 가장 원시적인 단계의 전자 공학은 진공관에 기반을 두었으며, 진공관은 전구 기술에서 파생되었다. '반도체 기반' 전자 공학은 실리콘으로 만든 트랜지스터가 발명된 1948년 태동했다. 실리콘에 극미량의 불순물을 첨가하면, 도체와 부도체 상태를 1초당 수천 번 오가는 반도체로 만들 수 있다. 이와 같은 상태 전환은 1(전기가 통하는 상태)과 0(전기가 통하지 않는 상태)이라는 디지털 코드를 통해 물리적으로 표현된다. 1950년대에는 반도체 소자를 작고 값싸게 만드는 기술이 등장하면서 집적회로가 발전했는데, 집적회로란 칩이라고도 불리는 작은 실리콘 조각 위에 필요한 구성 요소를 모두 배열하고 연결한 것이다. 현재 집적회로는 데스크톱, 세탁기, 화성 탐사선 등 모든 컴퓨터에 탑재되는 중앙 처리 장치(CPU)를 제조할 때 쓰인다. 이러한 장치들은 외부에서 입력이 들어오면 프로그램에 명시된 규칙에 따라 처리해 출력하면서, 강력하고도 유용한 도구로 작동한다.

중요한 진전

고전적인 컴퓨터는 1854년 조지 불(1815~1864)이 창안한 대수 체계인 불 논리(Boolean logic)를 사용한다. 모든 불 연산은 답으로 1(참) 또는 0(거짓)을 도출한다. 덧셈이나 곱셈처럼 친숙한 연산과 다르게, 불 연산은 입력값으로 두 개의 1을 넣으면 출력값으로 1이나 0은 도출될 수 있으나 2는 도출되지 않는 독특한 결과를 보인다. 트랜지스터가 패턴을 이루며 연결되어 논리 게이트를 구현하면, 이것이 특정 불 연산을 이용해 결과값을 도출한다.

튜링 기계 p.138 모델링을 위한 컴퓨터 그래픽 p.211 기후 모의실험 p.212
기계 학습 p.213 빅데이터 p.214

유전학 Genetics

주요 과학자: 그레고어 멘델 • 찰스 다윈 • 윌리엄 베이트슨

1952~

유전 개념은 인류 역사가 시작한 이래 쭉 존재해왔지만, 유전의 메커니즘은 20세기 중반까지 대체로 불분명했다. 진화론은 부모로부터 자손에게 전달되는 유전 정보에 의존하는데, 여기서 다윈은 범생설(pangenesis)이라 알려진 오래된 이론을 제안했다. 범생설에 따르면 심장, 뇌 등의 모든 신체 구조에 대한 정보는 정자와 난자에 전달된다. 그레고어 멘델(1822~1884)은 생물의 형질이 '유전 인자'라는 개별 단위로 유전된다는 견해를 일찍이 제시했다. 유전 인자는 다윈의 연구에서 영향을 받아 만들어진 단어 '유전자'로 명칭이 바뀌었고, 이들의 연구는 유전학이라고 불리게 되었다.

현대 유전학은 디옥시리보핵산(DNA)에 관한 연구를 총망라한다. 초기 유전학자들은 염색체와 마찬가지로 DNA도 세포핵 내부에 존재한다는 것을 발견했고, 1952년 DNA가 유전 물질임을 증명했다. 이듬해에는 DNA의 구조가 밝혀졌으며, 이후 유전학자들은 DNA 암호를 해독하여 신체의 발달 및 기능과 어떠한 연관성이 있는지 탐구했다.

중요한 진전

유전 법칙 중 하나는 유전자에서 유기체로만 정보가 전달되며 그 반대는 성립하지 않는다는 것이다. 하지만 1990년대에 후성 유전학이 등장하는데, 후성 유전학은 생활 습관·질병·기근 등 다양한 여건에 따라 DNA가 담긴 화학적 포장지가 변화한다면 이러한 변화가 유전될 가능성이 있는지를 탐구한다. 예컨대 여성이 임신 도중 중대한 사건을 경험하여 호르몬이 분비되면, 그로 인한 변화는 태아뿐만 아니라 그 후손(손주)에게까지 전달된다는 증거가 있다.

그레고어 멘델이 세운 유전 법칙은 현대 유전학의 토대를 마련했다.

유전자의 존재 **p.106** 염색체의 기능 **p.109** 성염색체 **p.118** 이중 나선 **p.142**
DNA 프로파일링 **p.205** 크리스퍼 유전자 편집 도구 **p.206**

우주 경쟁 The Space Race

1957 ~ 1969

주요 과학자: 콘스탄틴 치올콥스키 • 로버트 고더드 • 베르너 폰 브라운

제미니 4호에 탑승해 4일간 지구 궤도에 머무는 임무를 수행한 미국 우주비행사 에드워드 H. 화이트 2세는 1965년 6월 3일 우주선 밖에서 무중력 상태로 유영했다.

우주에 최초로 진입한 인공 물체는 1944년 6월 독일이 발사한 V-2 로켓으로, 시험비행에서 176km 상공까지 날아갔다. 미국의 우주 개척자 로버트 고더드(1882~1945)가 초기에 고안했던 설계에 기반을 둔 V-2 로켓 기술은 훗날 냉전 시대에 강대국들이 우주 경쟁을 시작하는 발판이 되었다. 우주 경쟁은 국제지구물리관측년이자 미국과 소련이 인공위성 발사를 목표로 삼았던 1957년에 본격화되었다. 이 우주 경쟁의 이면에는, 우주선을 궤도에 진입시킬 수 있는 능력은 곧 로켓 추진 미사일로 지구상의 어떠한 목표물도 타격할 수 있다는 속뜻이 숨겨져 있다. 소련은 1957년 10월 스푸트니크 1호를 발사하여 첫 대결에서 승리했고, 미국이 연구 초기에 허둥대다가 마침내 달 탐사선 아폴로호를 발사해 놀라운 성공을 거두기 전까지, 경쟁에서 선두를 굳혀 나갔다. 그럼에도 미국 최초의 인공위성 익스플로러 1호는 1958년 중요한 과학적 성과를 거두었다. 익스플로러 1호에 탑재된 감지기가 밝힌 바에 따르면, 지구에서 우주로 퍼지는 자기장은 태양으로부터 흘러드는 고에너지 입자를 붙들어서 행성을 둘러싼 또렷한 띠를 형성한다.

중요한 진전

우주 발사체는 대부분 승객을 실어 나르지 않으며, 우주 탐험이 시작되고 60년이 흐르는 동안 우주에 다녀온 사람은 600명도 채 되지 않는다. 우주에 최초로 진출한 생명체는 1947년 미국이 노획한 V-2 로켓을 타고 이동한 초파리와 이끼였다. 몸집이 큰 동물로는 1949년 우주에 간 붉은털원숭이 앨버트 2세가 최초였으나 착륙 도중 목숨을 잃었다. 지구 궤도를 돌고 안전하게 귀환한 최초의 동물은 러시아가 1960년에 우주로 보낸 우주 비행견 벨카와 스트렐카였다. 1961년 유리 가가린(1934~1968)은 우주로 나간 최초의 인간이 되었다.

우주 방사선 p.124 외계 행성 p.148 태양계의 기원 p.179 망원경 p.189 행성 탐사선 p.215

인류 진화 Human Evolution

1960~

주요 과학자: 루이스 리키 • 메리 리키 • 리처드 리키

1972년 에티오피아에서 뼛조각이 발굴되었다. 발굴된 골반뼈는 두 발로 걷는 호미니드의 유골로서, 두 다리로 똑바로 걸을 수 있고 나무를 오르는 데 유리한 긴 팔을 지닌 암컷의 것이었다. 이 화석은 루시(Lucy)라고 명명되었다. 비인간 유인원과 비교하면 신체 구조 차이가 크고, 인간 종과 비교하면 특징이 유사한 종 가운데에서는 가장 오래된 화석이다.

동아프리카의 리프트계곡은 멸종한 몇몇 인류 조상의 증거를 제공하고, 현생 인류와 같은 종인 호모 사피엔스가 어떻게 진화해 왔는가를 설명한다. 약 320만 년 전에 살았던 루시는 간단한 도구를 제작했고, 당시 돌로 만든 도구가 여전히 남아있다. 그로부터 100만 년 후, 루시가 살았던 지역은 루시보다 인간과 흡사하지만 키는 1미터 남짓한 호모 하빌리스의 고향이 되었다. 호모 하빌리스는 도구를 폭넓게 사용했다고 알려졌다.

그다음에는 무슨 일이 일어났는지 불분명하다. 시간이 흘러 지금으로부터 약 100만 년 전에 몸집이 큰 종인 호모 에렉투스가 아프리카에서 전 세계로 퍼져나갔다고 알려져 있는데, 아마도 이들은 네안데르탈인의 조상이었을 것이다. 그러나 최근 아프리카 전역에서 새로운 화석이 발견되면서, 약 7만 년 전에 전 세계로 진출한 현생 인류의 정확한 혈통은 다소 불분명해졌다.

작은 영장류의 두개골을 조사하는 영국의 고인류학자 메리 리키(191~1996), 1940년경.

중요한 진전

오랜 시간에 걸쳐 합의된 인류의 특징은 이족 보행, 커다란 뇌 등이며, 이들 특징은 함께 진화했을 가능성이 있다. 예를 들어, 두 다리로 일어서려면 골반은 회전되어 평평해져야 했다. 이는 산도를 좁게 만들었고, 그로 인해 태아는 비교적 짧은 임신 기간을 보내고 몸집이 작은 상태에서 태어나야 했다. 진화의 초기 단계에 조상인류의 아기들은 다른 신체 구조와 비교해 뇌와 머리는 크지만 외부 위험에 속수무책이었고, 따라서 걷는 데 두 팔이 필요 없어진 부모들이 아기를 데리고 다녀야 했다.

상동 기관의 발견 **p.50** 멸종의 증명 **p.82** 유전자의 존재 **p.106** 생명의 기원 **p.140**
자연 선택에 의한 진화 **p.161** 방사성 탄소 연대 측정법 **p.197** 분기학과 분류학 **p.209**

신경과학과 심리학
Neuroscience and Psychology

1960~

주요 과학자: 지그문트 프로이트 • 카밀로 골지 • 에릭 캔들 • 도널드 헵

정신 작용을 연구하는 학문인 심리학은 근거가 모호하지만, 19세기 중반에 확고히 정립되어 인간 행동을 집중적으로 조명하기 시작했다. 더불어 심리학과 동시에 신경계의 형태와 기능을 특히 세포 및 생화학적 수준에서 탐구하는 신경과학도 등장했다. 두 학문은 분명 서로 관련된 듯 보였으나 증거가 부족하다는 이유로 분리되었다. 정신활동을 신체활동 또는 학습과 연결하는 물리적 증거가 없었기 때문에 '극단적 행동주의'를 지지하는 측에서는 과학자들이 정신과 신체 간에 연관성이 전혀 없음을 가정해야 한다고 주장했다. 극단적 행동주의 지지자는 정신이란 아마도 다른 무언가에서 파생된 유물이며 신체를 지배하는 원리는 아니라고 제안했다. 그럼에도 두 학문은 상관관계가 존재한다는 가정 하에 빠르게 발전했다. 이와 관련해 가장 선두에 선 이론은 '동시에 흥분하는 신경세포는 서로 연결된다'는 것으로, 학습과 기억이 뇌세포의 물리적 회로를 유지하며 기억의 상기가 그러한 뇌세포 연결을 강화한다고 주장했다. 1970년대 초 에릭 캔들(1929~)은 학습이 군소의 신경세포를 화학적으로 어떻게 변화시켰는지 제시함으로써 신경세포의 물리적 연결을 최초로 밝혔다.

중요한 진전

신경과학과 심리학은 의식과 관련한 어려운 문제를 상대로 여전히 고군분투한다. 예를 들어, 색이나 고통에 대한 자각처럼 마음으로 느끼는 감각은 어떻게 연구해야 하는가? 감각질(qualia)이라고도 알려진 정신적 현상은 지극히 개인적이다. 모두가 하늘이 파랗다는 것에 동의하고 서로 똑같은 방식으로 색을 인지한다면, 모든 사람이 경험한 하늘의 색은 전부 같을 것인가?

오스트리아계 미국인 에릭 캔들은 신경세포 내에 기억이 저장되는 과정의 생리학적 기본 원리를 밝힌 공로로 2000년 노벨 생리의학상을 수상했다.

동물 전기 **p.78** 학습된 반응 **p.116** 임상 시험 **p.208**

환경과학 Environmental Sciences

주요 과학자: 줄리언 헉슬리 • 레이첼 카슨 • 피터 스콧 • 데이비드 애튼버러

1962년에 레이첼 카슨(1907~1964)은 인간 활동이 자연을 어떻게 파괴하는지 서술한 기사문을 엮은 저서 《침묵의 봄》을 출간했다. 산업화 시대의 절정기에 쓴 글에서, 카슨은 부주의한 취급으로 잔류하게 된 살충제 DDT와 무수한 화학 물질이 자연을 오염시키며 생명을 죽음으로 몰아넣으리라 경고했다. 이 책의 제목은, 만약 그러한 일이 일어난다면 생명과 생명이 내는 소리는 곧 사라질 것이라 예측한 것에서 유래했다. 《침묵의 봄》은 또한 자연을 소중히 여기는 풀뿌리 환경운동의 출현을 촉발하고, 산업 발전이 자연 서식지를 훼손할 만큼의 가치가 있는지 의문을 제기하는 데 도움을 주었다. 1970년에 이르러 환경 운동은 미국 정부가 환경보호국을 설립할 만큼 강한 영향력을 지니게 되었고, 이러한 움직임은 다른 나라에도 영향을 주었다. 한편, 그린피스 같은 압력단체와 세계자연기금(WWF) 같은 환경 보전 비정부기구는 환경보호 운동의 국제적 참여자가 되었다.

중요한 진전

환경보전은 멸종위기에 처한 생물종과 서식지를 보호하는 동시에 식량과 거주지를 필요로 하는 지역사회의 요구도 다루어야 하는 복합적인 분야이다. 접근 방식은 상황에 따라 달라지지만, 무엇을 보전해야 하는가에 관한 합의는 대체로 국제자연보전연맹(IUCN)이 제공하는 정보, 즉 IUCN이 공표하는 멸종위기동물 적색 목록에 기초한다. 적색목록에 오르는 각 생물종은 너무 늦기 전에 대책이 마련되어 위기에서 벗어날 수 있도록 멸종 위험도에 따라 분류한다.

영국의 인류학자 제인 구달(1934~)은 평생을 탄자니아에서 침팬지를 연구하고 보전하는 일에 힘쓰며 보냈다.

생명의 기원 p.140 자연 선택에 의한 진화 p.161 인간 활동이 초래한 기후 변화 p.178 기후 모의실험 p.212

인터넷 The Internet

주요 과학자: 폴 배런 • 빈트 서프 • 밥 칸 • 팀 버너스 리

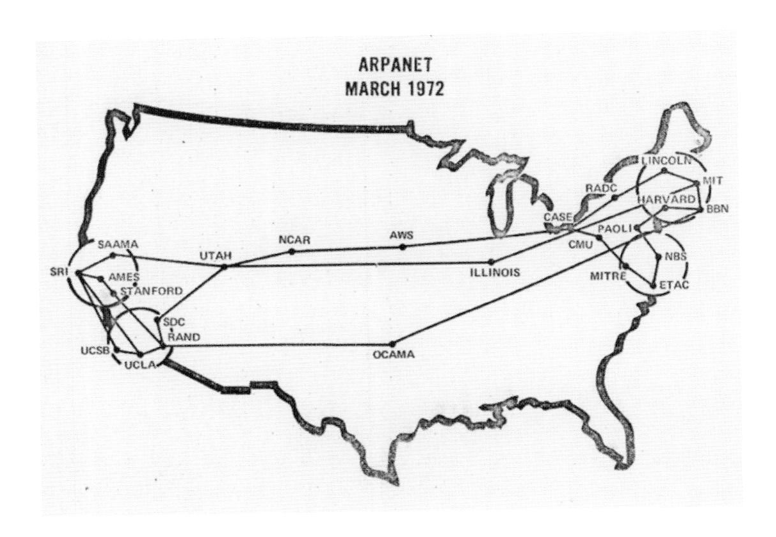

운용된 지 18개월가량 된 인터넷, 즉 아르파넷(ARPAnet, 고등연구계획국 네트워크)의 연결 범위.

인터넷은 원래 군사 프로젝트였다. 핵 시대에 지휘관들은 개발한 첨단 무기와 조기 경고 체계 간에 정보 소통이 원활하게 이루어지길 바랐고, 따라서 그 매개 역할을 하는 컴퓨터 연산에 대한 의존도가 점차 증가했다. 하지만 이 모든 혁신적 기술은 지휘관이 군대로부터 차단되면 간단하게 무력화될 수 있었다. 그래서 미국 국방부는 좀 더 탄력적인 운영 체계를 요구했고, 그 결과 패킷 교환 방식이 등장했다. 패킷 교환은 데이터를 패킷으로 분할하는 체계로, 분할된 데이터는 네트워크를 통해 이동하면서 서로 다른 경로를 택할 수 있다. 패킷이 도착하지 않으면 수신자의 컴퓨터는 원본 메시지가 재구성될 때까지 패킷을 다시 보내도록 요청한다. 이 기술은 1969년 미국 서부 해안에 자리한 몇몇 대학교를 연결하는 것에서 출발했으나 이내 '네트워크의 네트워크' 즉 인터넷의 가능성을 열었고, 그 결과 개인 컴퓨터 사용자도 네트워크에 전용선을 연결하여 다른 수많은 사용자와 정보를 주고받게 되었다. 학계, 특히 과학자들이 네트워크의 선구자로 막대한 데이터를 손쉽게 공유하기 위해 인터넷을 활용했다.

중요한 진전

월드와이드웹(World Wide Web)은 팀 버너스 리(1955~)가 정보를 더욱 효과적으로 공유하기 위해 1990년대 초 개발한 것이다. 월드와이드웹은 누구나 웹브라우저를 활용해 인터넷에 연결된 컴퓨터의 저장 데이터를 열람할 수 있게 한다. 웹의 놀라운 영향력은 존재하는지도 몰랐던 공간에서 원하는 정보를 찾도록 할 뿐만 아니라, 그러한 정보를 순식간에 보여주는 능력에서 나온다.

튜링 기계 p.138 모델링을 위한 컴퓨터 그래픽 p.211

보이지 않는 우주

The Universe is Missing

주요 과학자: 니콜라우스 코페르니쿠스 • 애덤 리스 • 베라 루빈

미국 철학자 토머스 쿤(1922~1996)은 패러다임의 전환이 일어나기 전에는 과학이 모순과 수수께끼로 넘쳐나는 위기의 시대에 진입하는 것이 당연하다고 설명했다. 그러한 패러다임 전환의 사례로는 태양을 중심에 둔 태양계의 발견과 상대성이론이 있다. 21세기에 접어들면서 과학, 특히 천문학과 우주론이 위기에 빠졌다. 1980년대에 이들 분야는 우주 전체 물질 중에서 눈에 보이는 우주가 차지하는 비중이 약 6분의 1에 불과하다는 사실을 두고 논쟁했다. 나머지는 중력을 통해 검출할 수 있는 소위 암흑 물질로, 정상 물질과 비교해 6배 더 많다. 이후 1990년대 말, 천문학자는 암흑 물질이든 정상 물질이든 그러한 물질이 우주 에너지에서 차지하는 비중은 4분의 1밖에 되지 않으며, 나머지는 공허한 공간을 채우는 암흑 에너지라는 것을 발견했다. 지난 수백 년 동안 과학은 진보하며 점점 더 자세하게 우주를 설명해왔지만, 과학이 실제 언급한 부분은 우주의 5퍼센트에 불과하다. 나머지 95퍼센트는 여전히 수수께끼로 남아있다.

중요한 진전

2018년 천체물리학자 제이미 파네스(1984~)는 암흑 에너지와 암흑 물질이 동일하게 '암흑 유체'라는 가상 물질의 일부라고 제안했다. 또한, 우주가 팽창할수록 빈 공간은 음의 질량으로 채워진다고 주장했다(음의 질량을 지닌 물체들 사이에 중력이 작용하면 서로 끌어당기지 않고 서로를 밀어낸다). 음의 질량은 정상 질량보다 더욱 강하게 은하를 묶을 것이며, 어쩌면 암흑 물질 이론의 기초를 마련했던 관측 사항과 일치할지도 모른다. 이러한 파네스의 가설은 흥미롭긴 하지만, 이를 지지하는 사람은 거의 없다.

바사대학 재학 당시의 미국 천문학자 베라 루빈(1928~2016). 훗날 루빈이 주도하여 연구한 은하회전 속도는 암흑 물질의 존재를 뒷받침했다.

우주배경복사 **p.146** 외계 행성 **p.148** 암흑 에너지의 발견 **p.150** 암흑 물질 **p.175**
인플레이션 우주 **p.176** 다세계 해석 **p.177**

유전자 변형 Genetic Modification

주요 과학자: 루돌프 재니시 • 제니퍼 다우드나

21세기에 접어들며 유전자 공학 기술은 비약적으로 발전해 실험실에서부터 상점 진열대에 이르기까지 영향력을 미쳤고, 그중에서도 주로 식품과 의약품을 변화시켰다. 이는 대중의 관심을 불러일으켰고, 식품 및 농업 산업계에서는 유전자변형생물(GMO)을 사용할 필요가 있는지를 두고 논쟁을 시작했다. 일각에서는 유전자를 변형하지 않았다면 잘 자라기 힘든 환경에서도 유전자변형 농작물이 번성할 수 있다고 주장한다. 다른 유기체로부터 얻은 유전자를 도입한 까닭에 결빙이나 곰팡이를 견디는 능력이 있기 때문이다. 생물을 죽이는 특정 화학물질에 내성을 갖도록 농작물의 유전자를 변형하면 살충제를 조금 더 현명하게 사용할 수 있다. 한편, GMO의 유전자 변형이 특허 출원된 기술이므로 농부가 GMO 농작물을 재배하려면 특허 소유자에게 비용을 지불해야 한다고 지적하는 목소리도 있다. 게다가 식물은 동물보다 교배가 쉬워서 유전자변형 농산물이 야생으로 유출될 시 유전자적 이점을 무기 삼아 자연 생태계를 교란할 수 있다고 환경 운동가들은 우려를 표하기도 한다. 이에 관한 논쟁은 여전히 진행 중이다.

중요한 진전

미생물의 유전자를 변형하는 기술에는 논란의 여지가 거의 없다. 유전자변형 미생물의 경우 대부분은 의약용으로 사용되는데, 이를테면 유전자변형 바이러스는 백신 제조, 유전자변형 세균과 효모는 유용한 생화학 물질을 산업적으로 생산하는 데 쓰인다. 유전자변형 기술 활용에 있어 가장 성공적인 사례는 1978년 새로운 유전자변형 대장균을 배양하여 과거보다 당뇨 관리에 훨씬 효과적인 인슐린을 생산한 것이다.

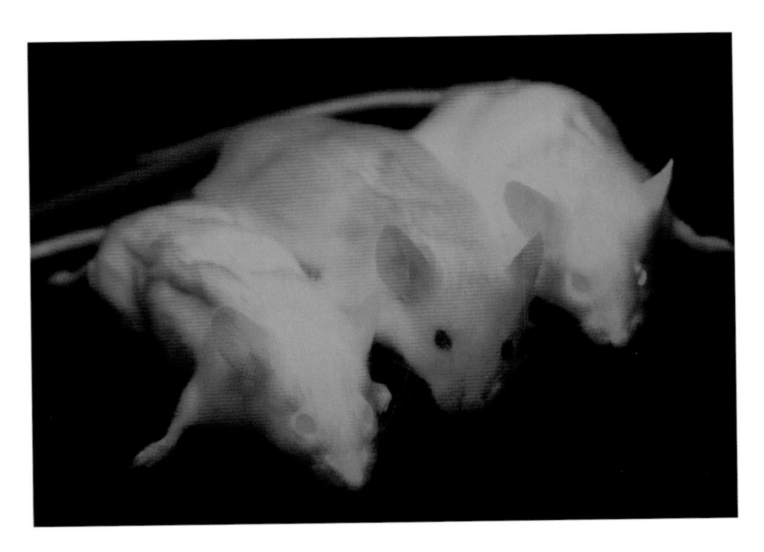

포유류의 유전자 변형: 녹색 형광 단백질이 발현된 생쥐 두 마리와 비형질전환 부모에서 태어난 평범한 쥐 한 마리가 나란히 UV조명 아래에 있다.

유전자의 존재 **p.106** 이중 나선 **p.142** 생물학의 중심 원리 **p.172**
DNA 프로파일링 **p.205** 크리스퍼 유전자 편집 도구 **p.206**

끈 이론 String Theory

주요 과학자: 피터 힉스 • 에드워드 위튼

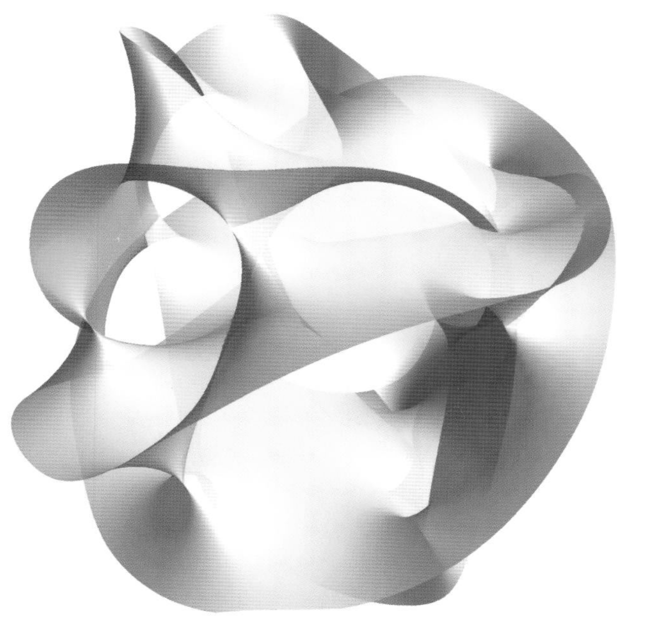

중요한 진전
우리가 알고 있는 모든 입자에는 아직 발견되지 않은 초대칭 짝(sparticle)이 존재할 수 있는데, 예를 들어 전자 및 광자는 초전자 및 초광자와 짝을 이룰 수 있다. 유럽입자물리연구소(CERN)가 2012년 힉스입자를 발견한 입자가속기이자 스위스 제네바 근교에 설립된 대형강입자충돌기(LHC)는 초대칭 짝을 발견하는 데 필요하다고 계산된 에너지로 실험할 수 있도록 성능을 개선하는 중이다.

컴퓨터가 생성한 이 이미지는 길이와 폭, 높이로 구성된 일반적인 3차원보다 축이 1개 많은 4차원 공간 속 형상의 표면을 나타낸다. 일부 끈 이론에서는 11차원 대상을 다룬다.

물리학의 두 가지 위대한 이론인 양자역학과 상대성이론의 가장 큰 한계는 양자역학으로 상대성이론을 설명하지 못하고, 그 반대도 마찬가지라는 사실이다. 이를테면, 양자 입자 관점에서는 중력을 설명할 수 없다.

두 이론을 조화시키려는 시도인 끈 이론은 내용이 더욱 난해한데, 입자가 수많은 차원에서 진동하는 끈이라고 설명한다. 우리는 길이·폭·높이로 이루어진 3차원이 익숙하지만, 끈 이론에 따르면 상상할 수조차 없는 다른 차원이 존재한다는 것이다.

끈 이론에서는 입자를 일련의 루프와 1차원 끈으로 설명한다. 그리고 입자의 다양한 특성은 끈의 진동으로 드러나는데, 이는 일상 세계를 구성하는 3차원 공간보다 차원이 8개 이상 높은 공간에서 일어난다.

끈 이론과 끈 이론에서 파생된 다양한 형태의 이론은 양자 중력도 다룬다는 점에서 모든 것의 이론(TOE)이 될 가능성도 있다. 그러나 끈 이론을 뒷받침하는 정교한 수학을 넘어서서 실제로 이론을 실험할 방법을 찾은 사람은 지금까지 아무도 없다.

전자의 발견 **p.114** 원자핵 **p.126** 표준 모형 **p.174** 거품 상자 **p.198**
입자 가속기 **p.199** 중성미자 검출기 **p.201**

ANGELVM GALLIÆ CVSTODEM CHRISTVS PATRIÆ FATA DOCE
A CONVENTION NATIONALE
DU CAPITAINE GUY
POUR LA FRANCE
17
16
15
14
13
12

EXPERIMENTS

실험

부력 Buoyancy

아르키메데스: 《부유하는 물체에 관하여》 • 이탈리아 시칠리아 시라쿠스

그리스 철학자 **p.13**

아르키메데스의 주요 저작
《원의 측정에 관하여》
《스토마키온》
《모래알을 세는 사람》

그리스 과학자 아르키메데스(기원전 287~212년경)는 목욕탕에서 놀라운 아이디어를 떠올리고는 물 밖으로 뛰쳐나와 '알았다!'라는 의미의 단어 '유레카!'를 외쳤다. 오늘날에도 물건이 물에 뜨거나 가라앉는 이유를 설명할 때면 아르키메데스의 발견을 언급한다.

아르키메데스는 왕의 새로운 왕관이 순금인지 가려낼 방법을 궁리하고 있던 중 물로 가득 채워진 욕조에 들어갔고, 그러자 물이 흘러넘쳤다. 아르키메데스는 왕관을 물에 넣고 흘러넘치는 물을 모으면 부피를 측정할 수 있음을 깨달았다. 즉, 왕관과 동일 무게의 금덩어리와 비교해 부피가 정확하게 같은지 확인하는 것이다. 왕관이 순금으로 만들어졌다면, 같은 무게의 금덩어리와 부피도 같을 것이다.

아르키메데스는 왕관과 금덩어리를 저울대에 매달고 물에 담가서 부력을 비교했다. 물체의 무게는 물을 밀어내고, 물은 '부력'으로 물체를 띄운다. 따라서 무게보다 부력이 크면 물체는 둥둥 뜨지만, 부력이 무게보다 작으면 물체는 밑으로 가라앉는다. 이러한 현상은 '물체에 가해지는 부력은 물체로 인해 넘친 물의 무게와 같다', 즉 아르키메데스의 원리로 요약된다. 아르키메데스는 순금 왕관과 같은 무게의 금덩어리는 부력도 서로 같다고 보았는데 실제로 물속에서 왕관은 금덩어리보다 위쪽으로 떠올랐고, 따라서 왕관은 순금이 아니며 더욱 가볍고 저렴한 금속이 섞여 있다는 것을 입증하였다.

아르키메데스

고대에 누구보다 풍성한 업적을 남긴 수학자이자 발명가로, 시칠리아에 자리한 그리스의 도시 시라쿠스에서 살았다. 그의 중요한 성과 중 하나는 파이(π)가 3.1408임을 계산한 것으로, 당대에 가장 정확히 계산한 값이었다. 아르키메데스 전설에는 로마의 공격을 막아내기 위한 무기도 등장하는데, 곡면 거울로 햇빛을 모아 군함에 불을 붙였던 열선(heat ray)이 특히 유명하다. 포에니 전쟁에서 로마인이 도시를 점령한 이후 아르키메데스는 결국 살해당했다.

16세기에 제작된 이 독일 판화는 전설처럼 전해지는, 아르키메데스가 그의 이름이 붙은 원리를 확립한 순간을 표현했다.

→ 표준 측정 **p.185**

지구의 크기 The Size of Earth

에라토스테네스: 《천체의 순환 운동에 관하여》 • 이집트 알렉산드리아

기원전 3세기 후반, 이집트 알렉산드리아에 살던 그리스 수학자 에라토스테네스는 지구의 둘레를 측정하는 방법을 생각해냈다. 시에네(현재는 아스완) 근처 나일강 엘레판티네섬에 있는 무척 독특한 우물에 관한 이야기를 듣고 아이디어를 떠올렸는데, 바로 한여름날 정오에는 태양이 그 깊은 우물에 그림자를 드리우지 않은 채 우물물을 비춘다는 이야기였다. 이를 통해 에라토스테네스는 한여름날의 태양이 시에네에서는 머리 꼭대기에 있지만, 같은 시각 알렉산드리아에서는 그렇지 않다는 것을 깨달았다. 그리하여 알렉산드리아에 작은 막대기를 세워 정오에 막대기 그림자의 길이를 쟀고, 막대기와 그림자를 연결해 직각 삼각형을 그려서 태양 광선이 알렉산드리아의 지면을 7도의 각도로 비춘다는 것을 계산해냈다. 에라토스테네스는 막대기를 지구 중심까지 연장하면 시에네에서 중심으로 연장한 선과 7도의 각도를 두고 지구 중심에서 만날 것이라 보았고, 이는 두 도시 사이의 거리가 지구 둘레의 약 50분의 1(지구 둘레 360도를 7도로 나눈 값)임을 의미했다. 에라토스테네스는 여행자들을 통해 시에네가 알렉산드리아로부터 5,000 이집트 스타디아만큼 떨어져 있다는 것을 알아냈고, 따라서 지구의 둘레는 250,000 스타디아(39,375킬로미터)라고 결론지었다. 이는 최근 측정한 값인 40,076킬로미터와 비교하면 1.7퍼센트 밖에 차이가 나지 않는다.

이집트 아스완 엘레판티네섬에 있는
에라토스테네스의 우물.

고대 천문학자 p.12 이슬람 과학 p.16

에라토스테네스의 주요 저작

《플라토니코스》
《헤르메스》
《에리고네》
《크로노그래프》
《올림픽 우승자》

에라토스테네스

오늘날 리비아 해안에 해당하는 그리스의 식민지 키레네에서 태어났다. 유년 시절에는 아테네의 플라톤 학당에서 당대 최고의 철학자들과 함께 공부했고, 시인으로 이름을 날렸으며, 알렉산드리아로 이주해 도서관 사서로 일해달라는 요청을 받기도 했다. 35세에 도서관장이 된 에라토스테네스는 알렉산드리아 도서관을 고대 세계의 손꼽히는 교육의 중심지로 만들고자 많은 일을 했다.

과학적 절차 **p.182** 표준 측정 **p.185**

카메라옵스큐라 Camera Obscura

1000년경

이븐 알하이삼: 《광학의 서》 • 이집트 카이로

이슬람 과학 p.16

알하이삼의 주요 저작

《빛에 대한 논고》
《세계의 배치에 관하여》
《프톨레마이오스에 관한 의문》
《일곱 행성의 운동모형》

라틴어 이름 알하젠으로도 유명한 이븐 알하이삼(965~1040년경)은 빛의 움직임을 다루는 광학을 창시한 인물이다. 그의 업적은 대부분 카메라옵스큐라에 기반을 두고 있다. 카메라옵스큐라는 라틴어로 '어두운 방'을 뜻한다. 알하이삼이 활약할 당시 카메라옵스큐라는 이미 잘 정립된 현상이었다. 카메라옵스큐라에 쓰이는 방(또는 천막)은 한쪽 벽에 뚫린 작은 바늘구멍 하나를 제외하면 완벽하게 어두웠는데, 알하이삼은 그러한 방 안에 들어가 일식을 관찰하면서 태양이 비추는 상이 바늘구멍 맞은편 벽에 거꾸로 맺히는 모습을 발견했다. 그리고는 방의 외부에서 출발한 빛이 바늘구멍으로 모이면서 교차해 방 안에서 보이는 반전된 상을 형성하는 과정을 상상했다. 이러한 상상은 알하이삼이 광학을 연구할 때 빛을 직선으로 여기는 기하학적 접근법을 취하도록 이끌었는데, 이에 따르면 빛은 물체 표면에서 반사되거나 굴절될 때 방향과 각도가 바뀐다. 알하이삼이 도출해낸 빛에 관한 견해는 또한 눈에서 나온 빛이 물체에 반사되어 상을 형성한다는 고대의 '유출설'(emission theory)을 무너뜨렸다. 대신에 그는 태양이나 다른 광원에서 나오는 빛이 물체에서 반사되고 관찰자의 눈에 도달하여, 마치 카메라 옵스큐라처럼 상을 형성한다는 '유입설'(intromission theory)을 발전시켰다.

알하이삼

파티마 왕조가 전성기를 누리던 시절 바스라(현재 이라크에 속하는 도시)에서 태어난 알하이삼은 공무원 및 지역 통치자의 고문으로 일했다. 나일강의 범람을 조절할 방안이 있다고 장담하던 그는 칼리프 알하킴에게 초청받아 카이로에 갔으나, 얼마 지나지 않아 본인의 주장에 현실성이 없다는 것을 깨달았고 칼리프의 격노를 피하고자 미친 척을 했다는 이야기가 전해진다. 진실이 무엇이든 간에 알하이삼은 수년간 가택 연금되었으며 그 기간에 광학을 연구했다.

카메라옵스큐라의 벽면에 상이 거꾸로 맺히는 원리를 나타낸 판화, 1752년작.

현미경 p.188 망원경 p.189 사진 p.192

굴절과 무지개
Refraction and Rainbows

프라이베르크의 테오도릭: 《빛이 만들어내는 인상과 무지개에 관하여》 • 프랑스 툴루즈

이슬람 과학 p.16

무지개에서는 입사광이 회절 현상에 의해 백색광을 구성하는 각각의 색으로 분리되어 (바깥쪽부터 안쪽까지) 빨간색·주황색·노란색·녹색·파란색·남색·보라색 호를 이룬다.

프라이베르크의 테오도릭의 주요 저작

《빛과 빛의 기원에 관하여》
《색에 관하여》
《혼합물을 구성하는 원료에 관하여》
《자연체를 이루는 요소에 관하여》

공기 중의 물방울(빗방울과는 다름)과 무지개 사이의 연관성은 소(小)세네카(기원전 4년~기원후 65년경)가 확립했다. 세네카는 무지개가 항상 태양의 맞은편에서 나타난다는 사실에 주목하고, 이 알록달록한 현상은 물방울들이 제각기 반사한 빛에 의해 발생한다고 제안했다. 알하이삼은 물방울에 형성된 오목한 거울 면에서 무지개가 나온다고 믿었다. 이러한 논쟁은 프라이베르크의 테오도릭(1250~1310년경)이 물로 채워진 유리공을 사용해 무지개 효과를 재현하면서 일단락되었다. 유리공 앞면으로 들어온 빛은 굴절된 다음 좁은 색 스펙트럼으로 분산되어 유리공 뒷면의 내부 표면을 비추었고, 유리공 앞면으로 나온 색 스펙트럼에서 굴절 현상이 다시 일어난다. 전반적으로 빛은 318도 꺾여서 빛이 들어오는 지점을 거의 되돌아 나간다. 굴절은 빛이 하나의 매질(여기서는 '공기')을 통과하다가 다른 매질(여기서는 '물')로 들어갈 때 진행 방향이 바뀌는 현상이다. 굴절각은 각 매질을 통과하는 빛의 상대 속력에 따라 달라진다(이를테면 공기보다 물에서 빛의 상대 속력은 더욱 느리다). 따라서 모든 빗방울에서는 정확히 같은 방식으로 빛의 굴절이 일어나고, 이러한 현상이 누적되어 하늘에 무지개가 생성된다.

프라이베르크의 테오도릭

'디트리히'라는 이름으로도 알려진 테오도릭은 영향력 있는 독일의 철학자이자 과학자이며 신학자였던 알베르투스 마그누스의 제자로서, 마그누스처럼 도미니카 수도사가 되었고 프랑스와 독일 학계에서 오랜 기간 업적을 쌓았다. 그는 자연과학뿐만 아니라 형이상학 즉 존재에 관한 연구에도 관심이 있었다.

현미경 p.188 망원경 p.189 레이저 p.195

상동 기관의 발견
Finding Homologues

피에르 블롱: 《새의 자연사》 • 프랑스 파리

진화론의 초석이라 할 수 있는 비교 해부학은 두 가지를 연구한다. 첫째, 골격과 팔다리에 공유된 신체 계획은 다양한 환경에 맞춰 어떻게 다른 형태로 진화하는지, 예를 들어 고래와 박쥐가 같은 뼈로 구성된 골격에서 출발해 오늘날의 몸을 갖게 된 과정(상동성)을 연구한다. 둘째, 돌고래나 상어, 어룡(멸종한 해양 파충류)처럼 해부학적 형태가 다른 동물들이 어떻게 유사한 방식으로 생활하는지를 연구한다.

비교 해부학의 창시자인 피에르 블롱(1517~1564)은 1550년대에 해양 생물의 해부학적 상동성을 탐구한 일련의 책을 발표했다. 특히 1555년에 새의 골격이 인간의 골격과 구조적으로 얼마나 유사한지를 상세히 증명한 저서 《새의 자연사》를 출간했다.

블롱의 연구는 기본 골격의 틀이 같은 조류와 포유류에서 해부학적으로 다른 구조가 발달하게 된 이유와 과정을 설명할 여지가 생겼다는 점에서 그 의의가 있다. 비교 해부학의 발견은 생명체가 공통의 조상에서 출현하고 발전하며 진화해야 한다는 관점으로 점차 이어졌다.

피에르 블롱
프랑스 르망에서 태어나 클레르몽의 주교 밑에서 약제사로 일했다. 동물학과 동물 연구에 관심이 있었던 그는 비텐베르크대학교에 입학한 이후 연구 범위를 식물까지 확장했다. 1540년대에는 파리의 한 의과대학에서 짧게 공부했으나 의사 자격을 얻지는 못했다. 대신 블롱은 유럽과 중동 지역을 광범위하게 탐험하기 시작해 해부학자로 이름을 날렸다. 파리로 돌아와 절도범에게 살해당했다.

르네상스 **p.17** 박물학과 생물학 **p.22** 인류 진화 **p.33**

피에르 블롱의 주요 저작

《돌고래 및 기타 생물의 그림과 설명을 수록한 비정상적인 해양 물고기의 자연사》(1551)
《수생생물에 관하여》(1553)

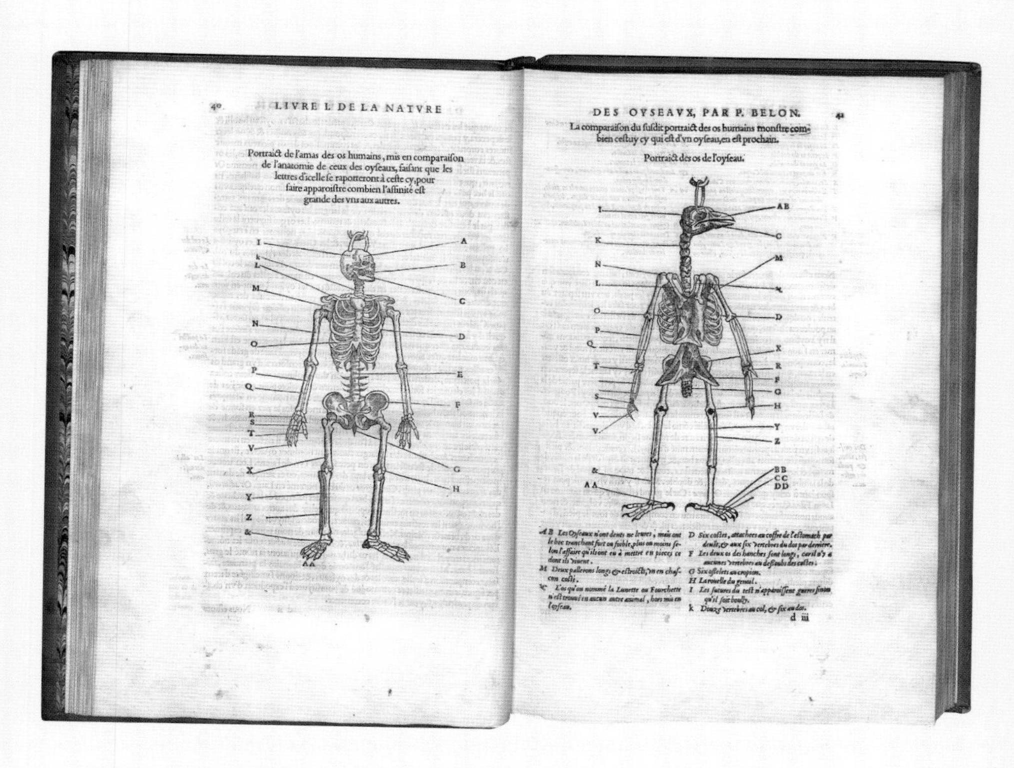

40 LIVRE I. DE LA NATVRE

Portraict de l'amas des os humains, mis en comparaison de l'anatomie de ceux des oyseaux, faisant que les lettres d'icelle se raporteront à ceste cy, pour faire apparoistre combien l'affinité est grande des vns aux autres.

DES OYSEAVX, PAR P. BELON. 41

La comparaison du susdit portraict des os humains monstre combien cestuy cy qui est d'vn oyseau, en est prochain.

Portraict des os de l'oyseau.

AB Les Oyseaux n'ont dents ne leures, mais ont le bec tranchant fort ou foible, plus ou moins selon l'affaire qu'ils ont eu à mettre en pieces ce dont ils viuent.
M Deux pallerons longs & estroicts, vn en chascun costé.
※ L'os qu'on nommé la Lunette ou Fourchette n'est trouvé en aucun autre animal, hors mis en l'oyseau.
D Six costes, attachees au coffre de l'estomach par deuât, & aux six vertebres du dos par derriere.
F Les deux os des hanches sont longs, car il n'y a aucunes vertebres au dessoubs des costes.
G Six osselets au cropion.
H La rouelle du genoil.
I Les sutures du test n'apparoissent gueres sinon qu'il soit boully.
k Douze vertebres au col, & six au dos.

d iii

블롱의 명저 《새의 자연사》 초판에 수록된 이 두 페이지는 인간과 새의 골격에 어떠한 유사성이 있는지를 강조하며 비교 해부학의 초석이 되었다.

자연 선택에 의한 진화 **p.161** 세포 내 공생설 **p.173** 분기학과 분류학 **p.209**

진자의 법칙 Pendulum Law

1583

갈릴레오 갈릴레이: 《새로운 두 과학에 관한 논의와 수학적 증명》
• 이탈리아 피사

갈릴레오의 주요 저작

《작은 천칭》(1586)
《역학》(1600년경)
《컴퍼스의 기하학적·군사적 효용》(1606)

진자는 끈이나 막대에 매달려 좌우로 흔들리는 무게추이다. 오랫동안 움직임에 민감한 물체로 여겨졌던 진자는 초창기에 진동 센서 같은 기술 분야에 활용되었다. 이후 1583년 갈릴레오 갈릴레이는 과학과 기술에 혁명을 일으킬 진자의 특성을 알아챘는데, 아마도 그가 남긴 최초의 눈부신 과학적 성과였다. 그는 피사 대성당에서 미사가 집전되는 동안 교회 관리인이 천장에 매달린 등불을 켜자 그 등불이 좌우로 흔들리는 것을 발견하고 왕복에 걸리는 시간을 쟀다. 맥박을 초시계로 삼고 시간을 측정한 갈릴레오는 등불이 세게 밀려서 흔들리는 폭이 커지더라도 진동에 걸리는 시간 즉 주기는 늘 일정하다는 사실을 확인했다. 그로부터 20년 뒤 갈릴레이는, 주기는 추의 무게에 영향을 받지 않으며 오직 진자의 길이만으로 정해진다는 것을 발견하고, 진자의 길이의 제곱근에 비례함을 계산했다(주기가 1초인 진자는 길이가 99.4밀리미터이다). 이 보편 법칙에서 도출된 첫 번째 결론은 흔들리는 진자가 타이머로 사용될 수 있다는 것이며, 과학자들은 이 법칙을 진동 물리학에 관한 연구로 폭넓게 확장하여 파동, 힘, 중력뿐만 아니라 아원자 입자까지 이해하게 되었다.

크리스티안 하위헌스

갈릴레오는 진자를 사용해 시계를 만든 적이 없다. 진자시계는 네덜란드 과학자 크리스티안 하위헌스(1629~1695)가 1656년에 처음으로 제작했다. 하위헌스는 다른 분야에서도 마찬가지로 중요한 업적을 남겼는데, 이를테면 광학 분야에서 빛이 진동이라는 올바른 가설을 제시했으며 1659년에는 천문학 분야에서 토성의 고리를 발견했다.

르네상스 p.17 과학 혁명 p.18

갈릴레오는 피사 대성당 천장에 매달린 등불의 움직임을 관찰
함으로써 운동의 본질에 관한 위대한 발견을 이루어냈다.

→ 운동 법칙 **p.157** 시간 측정 **p.186**

신진대사의 발견

Discovering Metabolism

1600년경

산토리오 산토리오: 《의학적 측정에 관하여》 • 이탈리아 파도바

산토리오 산토리오의 주요 저작

《의학에서 발생하는 모든 오류를 피하는 방법》(1602)
《갈레노스의 의술에 관한 논평》(1612)
《아비센나의 경전 제1권에 관한 논평》(1625)
《히포크라테스의 격언집 제1절에 관한 논평》(1629)

'신진대사'는 변화를 의미하는 그리스어에서 유래한 단어로, 음식을 생명 유지에 필요한 물질로 변환하는 수천 개의 화학적 경로를 가리킨다. 현대인은 직관적으로 신진대사를 이해하지만, 19세기까지는 그 개념이 명확하지 않았다. 고대 의학자는 체내에 들어온 물질 중 일부가 사라진다는 것을 자각하긴 했지만, 보이지 않는 땀과 같은 형태로 증발한다고 추정했다.

산토리오 산토리오(1561~1636)는 이 문제를 탐구하는 동안 과학사에서 가장 오랜 기간 진행된 실험을 했다. 그는 의자 형태의 체중계를 제작하여 식사하기 전마다 몸무게와 음식물의 무게를 기록하고 소변과 대변의 무게도 쟀다(그뿐만 아니라 취침 전후, 성관계 전후, 노동 전후에도 체중을 측정했다). 기록된 데이터는 신체가 배출한 물질이 섭취한 음식물보다 적다는 것을 알렸다. 산토리오는 평균적으로 3.5킬로그램을 섭취할 때마다 1.5킬로그램을 배설했는데, 이는 음식에서 유래한 물질이 체내에서 연료로 공급되고 신체를 구성하는 데 쓰였음을 가리키는 최초의 명백한 증거였다.

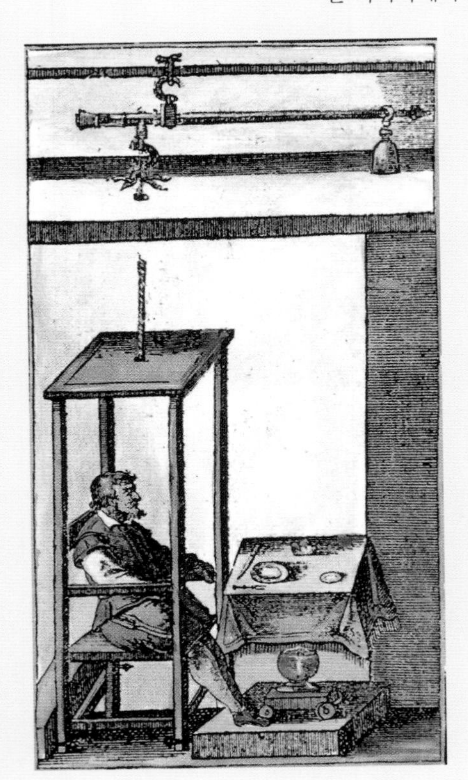

산토리오 산토리오

베네치아 공화국의 한 지역(현재는 슬로베니아)에서 태어난 산토리오는 이탈리아 파도바에서 의학을 공부했다. 1580년대 베네치아에서 의사로 개업한 그는 얼마 지나지 않아 지역에서 가장 부유한 주민들을 진료할 만큼 좋은 평판을 얻었다. 1611년 의학을 가르치기 위해 파도바로 돌아왔다.

산토리오가 자신의 몸무게를 측정하여 섭취한 음식물과 배설물의 무게 차이를 확인한 방식을 묘사한 17세기 삽화.

의학의 탄생 p.14 과학 혁명 p.18

중력 가속도
Acceleration under Gravity

1600년경

갈릴레오 갈릴레이: 《운동에 관하여》 • 이탈리아 피사

갈릴레오의 주요 저작

《별의 전령》(1610)
《두 우주 체계에 관한 대화》(1632)
《새로운 두 과학에 대한 논의와 수학적 증명》(1638)

전해지는 유명한 이야기에 따르면, 갈릴레오는 크기가 큰 포탄과 작은 포탄을 피사의 사탑 꼭대기로 가져가 건물 측면으로 떨어뜨렸고, 두 포탄이 '균등하게 낙하'하여 동시에 지면에 부딪히는 모습을 목격했다고 한다. 이는 물체의 무게가 낙하 속도에 영향을 주지 않는다는 증거로서, 즉 가벼운 물체는 무거운 물체와 같은 속도로 낙하한다는 것이다. 그러나 이 실험은 전적으로 갈릴레오가 머릿속으로 상상한 사고실험이다. 실제로는 등거리 구간마다 벨이 설치된 경사로에 포탄을 굴렸고, 공이 지나갈 때마다 벨 소리가 났다. 갈릴레오는 이 장치를 통해 구르는 (혹은 낙하하는) 물체가 가속되는 방식을 실험했다. 포탄이 경사로에서 구른 거리와 시간을 비교한 끝에, 낙하하는 물체의 이동 거리가 이동 시간의 제곱에 비례한다는 낙하의 법칙을 도출했다. 예를 들어 2배 긴 시간 동안 낙하하는 공은 4배 먼 지점으로 낙하한다. 바꿔 말하면, 공을 4배 더 높은 지점에서 떨어뜨리면 지면에 도달하는 시간은 2배 늘어난다.

갈릴레오 갈릴레이

피사에서 음악가의 아들로 태어난 갈릴레오는 망원경 천문학을 발전시키고 지구가 태양 주위를 돈다는 명백한 증거를 제시했다. 그가 천체 운동을 연구하며 남긴 성과는 뉴턴과 아인슈타인이 등장하는 길을 열었다. 재정적으로 불안한 환경에서 성장한 갈릴레오는 과학 기술을 기반으로 수입을 확보하기 위해 귀족들과 교류했으나, 그의 연구가 교회와의 갈등을 유발했고 결국 인생의 마지막 10년 동안 가택연금을 당해야 했다.

갈릴레오는 피사의 사탑에서 떨어뜨린 두 개의 포탄이 무게는 다르더라도 지면에 동시에 떨어질 것이라 정확하게 예측했다.

르네상스 p.17 과학 혁명 p.18

혈액 순환 Circulation of Blood

윌리엄 하비: 《동물의 심장과 혈액의 운동에 관한 해부학적 연구》
• 독일 프랑크푸르트

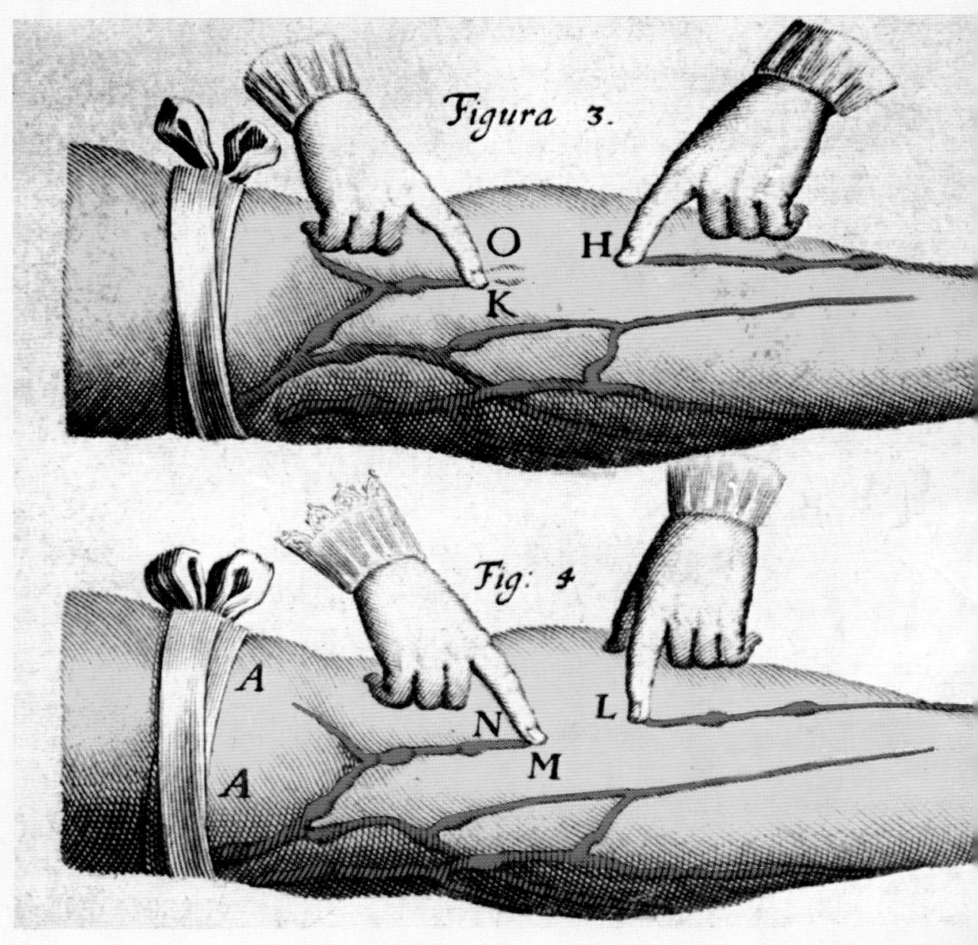

하비는 1628년 집필한 교과서에서 혈액이 동맥을 타고 흘러 심장과 멀어졌다가 정맥을 따라 다시 심장으로 되돌아온다는 것, 그리고 일련의 판막이 혈액의 역류를 막는다는 것을 설명했다.

윌리엄 하비의 주요 저작

《동물의 심장과 혈액의 운동에 관한 해부학적 연구》(1628)
《동물 발생에 관하여》(1651)

의학의 탄생 **p.14** 유전학 **p.31**

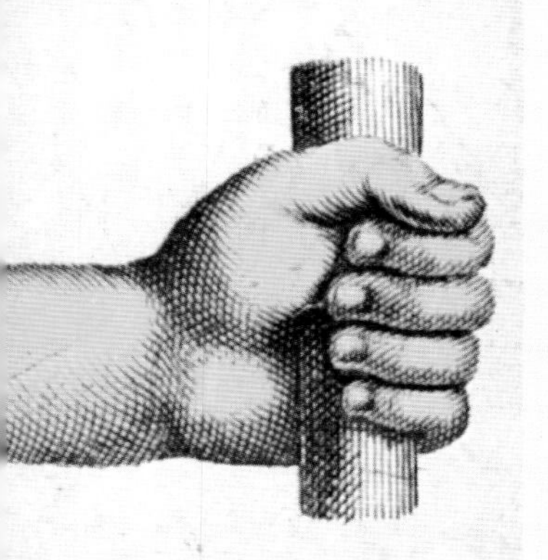

17세기까지는 신체에 혈액 공급 경로가 두 가지라고 여겨졌다. 즉, 정맥은 간에서 생성된 혈액을 실어나르며 양분을 분배하고, 동맥은 폐에서 생성되어 공기로 채워진 혈액을 운반하는 경로라는 것이다. 그런데 윌리엄 하비가 1628년 저서 《동물의 심장과 혈액의 운동에 관한 해부학적 연구》에서 기존 가설을 완전히 뒤집는 견해를 제시한다. 당시에는 시신 해부가 허용되지 않았으므로, 하비의 통찰은 대부분 다양한 동물을 산 채로 해부하여 심장 박동을 관찰한 결과이다. 하비는 섭취한 음식물을 재료로 하여 간에서 생산된 혈액이 몸에서 지속하여 소모된다는 가설을 제시했다. 이 가설이 옳다면 인간은 매일 신선한 혈액 250킬로그램을 생성해야 한다고 추정했는데, 이는 매일 섭취하는 음식물의 양보다 훨씬 많다.

실제로는 정맥과 동맥 내에 늘 일정량의 혈액이 있고, 심장이 펌프질을 해서 혈액을 순환시킨다. 하비는 끈으로 팔뚝을 동여매 정맥과 동맥을 압박하여 혈액이 심장으로 들어오거나 나가는 지점을 밝혀냈는데, 이는 혈액 순환에 두 가지 경로가 있다는 의미였다. 왼쪽 심장은 산소가 풍부한 혈액을 폐에서 공급받아 전신으로 보낸다. 오른쪽 심장은 전신에 산소를 공급하고 돌아온 혈액을 폐로 보내 순환시킨 다음 왼쪽 심장에 공급한다.

윌리엄 하비

영국 포크스턴에서 태어난 윌리엄 하비는 이탈리아의 파도바대학교 의과대학에서 히에로니무스 파브리치우스(1533~1619)에게 가르침을 받았다. 혈관에서 판막을 발견한 인물이 파브리치우스였는데, 이 발견은 나중에 하비가 혈액 순환에 얽힌 비밀을 푸는 데 도움이 되었다. 1602년 케임브리지대학교를 졸업한 뒤 영국에서 걸출한 업적을 쌓기 시작한 하비는 마침내 영국 왕 제임스 1세와 찰스 1세의 시의가 되어 오랜 기간 해부학 연구에 전념했다.

→ 열역학 법칙 **p.160** 자연 선택에 의한 진화 **p.161**

공기 무게 측정 Weighing the Air

1643

블레즈 파스칼: 《공기 덩어리의 무게에 관한 원론》 • 프랑스 파리

아리스토텔레스는 '자연은 진공을 싫어한다'라는 유명한 말을 남겼는데, 공기나 물과 같은 것이 항상 그 공허한 공간을 채우려 들기 때문에 공간에 아무것도 없는 상태는 결코 존재할 수 없다는 것이다. 1643년 갈릴레오의 제자인 이탈리아 출신 에반젤리스타 토리첼리(1608~1647)는 관에 수은을 채우고 뒤집은 다음, 열려 있는 한쪽 끝을 수은으로 채워진 용기에 담그고 관찰했다. 토리첼리는 관 속 수은이 전부 흘러나오지 않으며 언제나 같은 높이, 즉 현대 단위로 76센티미터 높이에서 머무른다는 것을 발견했다. 수은의 높이가 유지되는 원인은 무엇일까? 원인을 규명하기 전에 토리첼리는 세상을 떠났고, 프랑스인 블레즈 파스칼(1623~1662)이 연구를 이어받았다. 일부 사람들은 관 상부의 공간이 진공 상태가 되어 수은을 끌어당기기 때문이라고 주장했지만, 파스칼은 '공기의 무게'가 용기의 수은을 누르기 때문이라고 확신했다. 파스칼의 가설이 옳다면, 고지대에는 수은을 누르는 공기의 양이 적으므로 수은 높이가 낮아질 것이다. 1648년 파스칼은 토리첼리 관을 가지고 산에 올랐고, 산꼭대기에 가까워질수록 수은 높이가 낮아지는 것을 확인했다. '공기의 무게'는 오늘날 흔히 대기압으로 이해되며 단위 면적당 대기가 가하는 힘으로 측정된다. 토리첼리 관은 최초의 기압계가 되었고, 압력을 과학적으로 표현하는 단위는 파스칼을 기리기 위해 파스칼(Pa)이라고 명명되었다.

오토 폰 게리케

독일 과학자 오토 폰 게리케(1602~1686)는 전자기 연구에 보탬이 된 정전기 발생기를 발명했을 뿐만 아니라, 대기압의 세기를 실제로 입증한 진공 펌프를 만들었다. 1663년 게리케는 두 개의 금속 반구를 합치고 내부 공기를 빨아들여서 주위 대기압이 반구를 단단히 고정하도록 만들었다. 그러자 말 여덟 마리가 양쪽에서 끌어당겨도 반구는 분리되지 않았다.

화학의 태동 p.20

블레즈 파스칼의 주요 저작

《진공을 다루는 새로운 실험》(1647)
《산술삼각형론》(1665)
《팡세》(1670)

막스 드 낭수티의 1911년작. 플로랭 페리에가 처음 블레즈 파스칼에게 부탁을 받고 수은으로 채워진 토리첼리 관을 들고 프랑스 퓌드돔에 오르는 장면을 묘사했다.

원자론 **p.159** 과학적 절차 **p.182**

기체 법칙 Gas Laws

로버트 보일: 《새로운 물리-물질 실험: 공기의 탄성 조작과 그 효과》 • 영국 런던

로버트 보일의 주요 저작

《회의적 화학자》(1661)
《실험 및 관찰 물리학》(1691)

기체에 관한 아이디어는 비교적 새로웠다. 18세기 말까지는 '기체'라는 단어가 과학적인 의미로 사용되지 않았다. 기체를 뜻하는 영어 단어 '가스'(gas)는 그리스어 '카오스'(chaos)에서 유래했는데, 고체와 액체와 달리 기체는 일정한 형태와 부피가 없기 때문이었다. 기체라고 불리기 이전에 그러한 물질은 단순하게 공기로 여겨졌고, 현대 화학은 1660년대에 로버트 보일이 수행한 공기 연구로부터 시작되었다. 보일은 주로 펌프를 사용해 용기와 관에서 공기를 빨아들여서, 공기가 사라지면 종소리가 들리지 않고 불이 꺼지며 식물과 동물이 죽는다는 것을 입증했다. 그가 남긴 과학적 업적은 기체의 압력이 부피에 반비례한다는 보일의 법칙을 정립한 것이다. 즉, 기체는 본래 부피의 절반으로 압축되면 압력이 두 배 증가한다. 보일의 법칙은 오늘날 기체의 성질을 설명하는 세 가지 기체 법칙 가운데 하나로서, 두 번째 법칙은 1780년 탄생한 샤를의 법칙이다. 이 법칙은 기체의 부피가 온도에 비례하므로, 기체가 따뜻해지면 팽창하고 차가워지면 수축한다는 것을 나타낸다. 세 번째 법칙은 1802년에 발견된 게이뤼삭의 법칙으로, 기체의 압력은 온도에 비례하기 때문에 기체를 가열하면 압력이 증가한다는 것이다. 이들 법칙으로 무장한 과학자들은 기체를 비롯한 모든 물질이 원자와 분자로부터 생성되는 과정을 규명할 수 있었다.

로버트 보일

아일랜드 지주 계층의 부유한 가정에서 태어난 로버트 보일은 부를 마음껏 누리며 젊은 시절을 보냈다. 그러던 중 종교로 눈을 돌렸고 물질적 부를 배움에 바친다. 오늘날과 마찬가지로, 최고의 과학 장비를 제작하려면 가능한 가장 정밀한 공학 기술이 투입되어야 했으므로 보일은 런던에서 제일가는 유리 제조업자와 금속 세공인을 고용했다. 그가 저술한 가장 유명한 책 《회의적 화학자》에서 연금술이 과학이라는 통념을 완전히 무너뜨렸다.

과학 혁명 p.18 화학의 태동 p.20

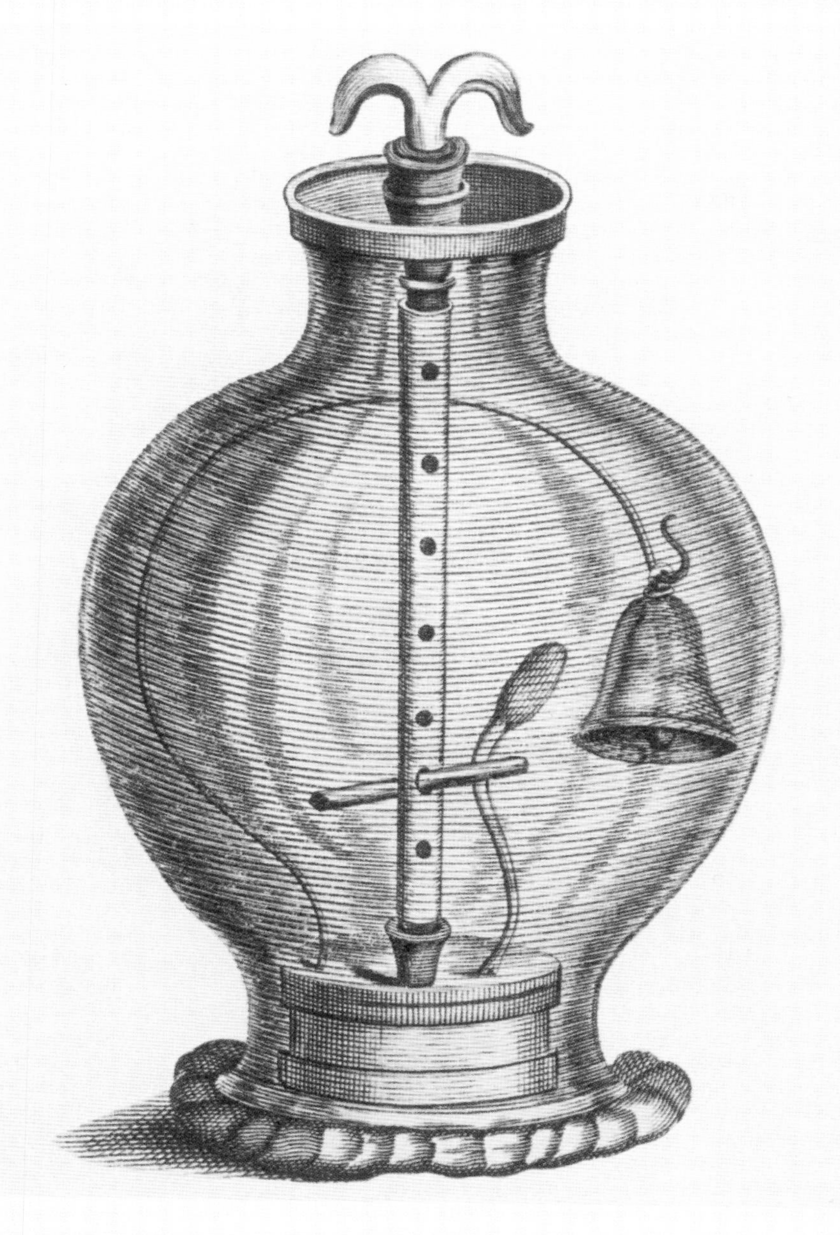

보일의 밀폐 용기를 나타낸 그림. 보일은 용기 내부에 기체가 없으면 종소리가 들리지 않는다는 것을 증명하기 위해 용기 내부의 공기를 전부 제거했다.

원자론 **p.159** 열역학 법칙 **p.160** 과학적 절차 **p.182** 온도계 **p.187**

훅의 법칙 Hooke's Law

로버트 훅: 《탄성체의 복원력에 관한 해석》 • 영국 런던

런던 대화재 기념비 내부 1층에서 보이는 풍경. 훅은 계단을 측정의 척도로 활용했다.

과학 기관의 출현 p.19

로버트 훅의 주요 저작

《실험 철학의 유용성에 관한 고찰》(1663)
《저온과 관련된 새로운 실험과 관찰》(1665)

1666년 런던에서 발생한 대화재는 도시의 전염병을 종식 시켰다고 알려져 있다. 또한, 세계 최초의 과학 아카데미로서 당시 창립된 런던 왕립학회가 과학적 방법의 위력을 선보이는 기회를 제공하기도 했다. 왕립학회에서 비서로 일하던 로버트 훅은 런던의 위대한 건축가 크리스토퍼 렌(1632~1723)과 함께 화재 기념비를 세워달라는 요청을 받았다. 그리하여 훅은 지금도 대화재 기념비로 불리는 탑을 설계하여 과학적 도구로 사용한다. 기념비 내부의 비어있는 중심부와 하늘로 열린 지붕은 천체를 정밀하게 관측하는 망원경으로 활용되었다. 기념비 안에 설치된 나선 계단은 특정 물체에 무게가 가해지면 얼마나 늘어나서 위아래로 진동하는지를 측정하는 데 쓰였다. 그 실험 결과는 물체의 변형 정도가 그 물체에 가해지는 무게(또는 다른 힘)에 비례한다는 훅의 법칙으로 이어졌다. 가해지는 무게(힘)가 두 배 상승하면, 물체가 늘어나는 길이도 두 배 증가한다. 물체는 본래 길이로 돌아오려는 복원력을 통해 가해진 무게에 저항한다. 진자에는 무게와 동일한 복원력이 존재하여 중앙의 진자운동 시작점으로 진자를 끌어당기는데, 훅의 법칙은 그 두 가지 힘이 서로 어떻게 작용하여 진자를 진동하게 만드는지를 설명한다.

로버트 훅

가난한 집안 출신인 로버트 훅은 부당하게도 동시대의 다른 인물들, 특히 아이작 뉴턴의 후광에 가려지곤 했다. 두 학자는 중력 법칙의 우선권을 놓고 충돌했는데, 뉴턴은 '내가 남들보다 더 멀리 내다보았다면, 그것은 거인의 어깨 위로 올라섰기 때문이다'라는 유명한 문구로 답했다. 역사학자들은 뉴턴이 훅의 공헌을 인정했는지, 아니면 훅의 작은 키를 조롱했는지를 두고 의견이 엇갈린다.

→ 과학적 절차 **p.182** 현미경 **p.188** 망원경 **p.189**

미생물의 발견

Discovery of Microorganisms

1682

안토니 판 레이우엔훅: 〈양의 간에서 발견된 기생충과 개구리 배설물에서 발견된 극미동물을 서술한 안토니 판 레이우엔훅의 편지 일부〉 • 네덜란드 델프트

안토니 판 레이우엔훅의 주요 저작

〈안토니 레이우엔훅의 현미경 관찰〉(1682)

현미경은 아주 작은 물체를 한 쌍의 렌즈로 확대해 관찰하는 장치로, 모든 사람이 인정하듯 1620년대에 발명되어 유럽 전역에서 과학 실험 도구로서 주목받았다. 1665년 영국의 과학자 로버트 훅은 현미경으로 관찰하여 그린 세밀화를 책으로 엮고, 코르크 조각이 작은 방('세포'라고도 불림)으로 구성되었음을 보고했다. 이후 세포는 살아있는 생명체의 구성단위로 여겨진다.

1670년대에 네덜란드에서 포목상으로 일한 안토니 판 레이우엔훅(1632~1723)은 판매하는 직물을 구성하는 실의 수와 품질을 확인하려 고심했고, 그리하여 300배 확대 가능한 휴대용 현미경을 제작했다. 현미경으로 자연 세계를 관찰한 그는 맑아 보이는 연못 물이 실제로는 아주 작은 생명체로 가득하다는 것을 발견했다. 판 레이우엔훅은 이 미세한 생물을 'dierkens'로 명명했는데, 영어로 번역하면 '극미동물'이라는 뜻이다. 극미동물은 빗방울 속에도 있다. 레이우엔훅이 관찰하여 세밀화로 남긴 생물들은 오늘날 아메바, 조류(algae)를 비롯한 거대 단세포 생물 또는 세균으로 알려져 있다.

안토니 판 레이우엔훅

판 레이우엔훅은 델프트에서 태어나 포목점에서 견습생으로 일하다가 스물한 살에 직접 포목점을 차려 사업가로 성공했다. 이후에는 500개가 넘는 렌즈를 직접 만들고, 근대 초기를 주도한 젠틀맨 과학자(gentlemen scientist, 경제적 여유가 있어 기관에 고용되지 않고 독립적으로 연구하는 과학자 – 옮긴이)로 유명해졌다. 1680년 레이우엔훅은 당대 최고의 과학 아카데미인 런던 왕립학회 회원으로 선출되었다.

과학 혁명 p.18 과학 기관의 출현 p.19

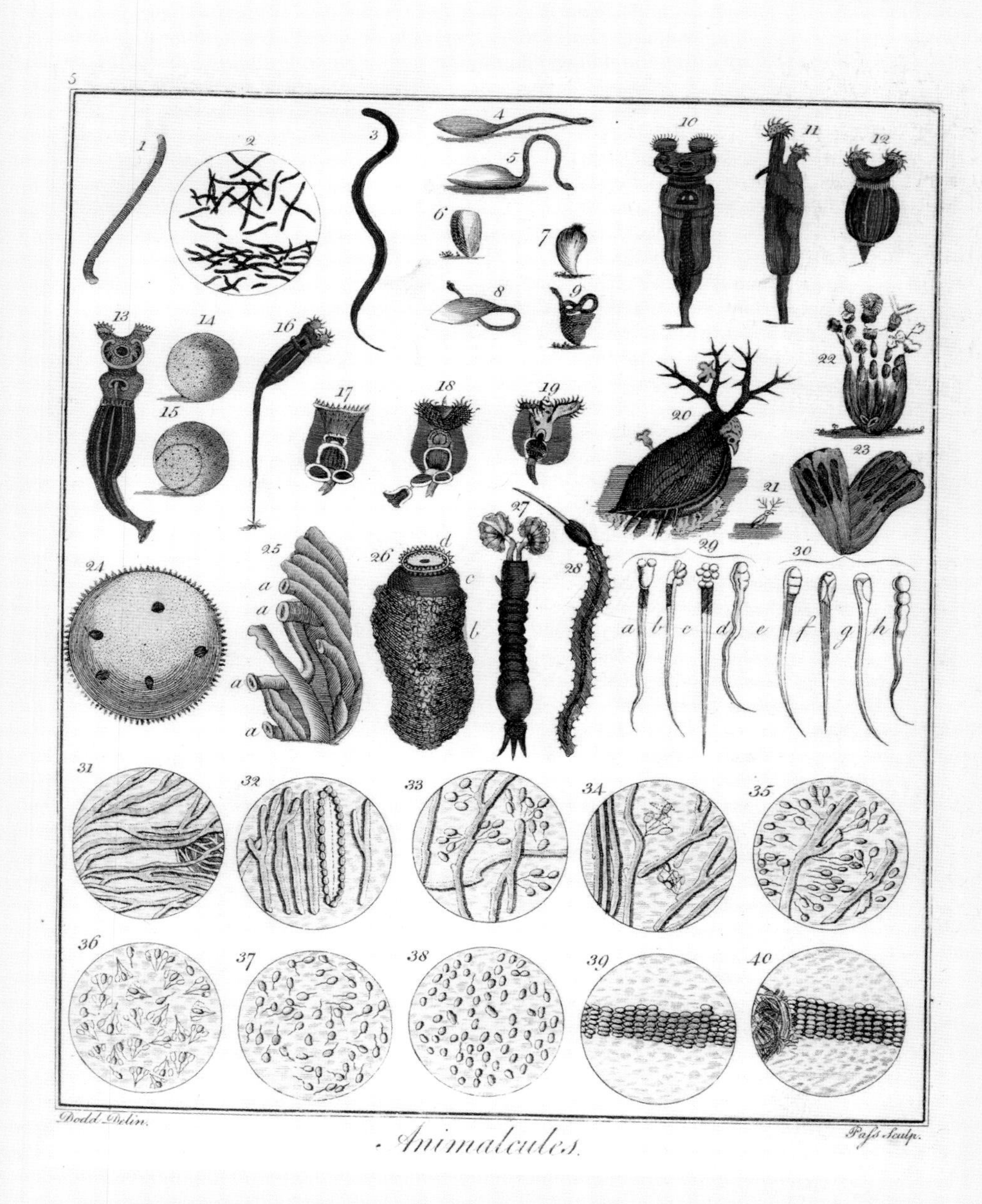

판 레이우엔훅이 현미경으로 관찰한 몇몇 '극미동물'은 위와 같다. 그가 극미동물을 발견한 당시에는 많은 사람이 그를 조롱했지만, 세월이 흐른 후에는 판 레이우엔훅의 발견을 완벽하게 인정했다.

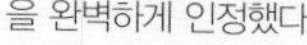
현미경 **p.188** 망원경 **p.189** 분기학과 분류학 **p.209**

스펙트럼 The Spectrum

아이작 뉴턴: 《광학》 • 영국 케임브리지

1704년 당시 왕립학회장이었던 아이작 뉴턴은 저서 《광학》을 발표했다. 그보다 더 유명한 뉴턴의 중력 관련 저서와 마찬가지로, 《광학》에는 30년 전에 이미 연구했던 성과가 서술되어 있으며 색과 빛의 본질이 담겨 있다. 뉴턴은 케임브리지대학교에 있는 자신의 연구실에서 빛을 차단하여 햇빛 한 줄기만 들어오게 했는데, 그 빛줄기는 유리 프리즘을 통과하자 다채로운 색으로 분산되었다. 이는 비교적 새로운 기술로, 빛이 무지개를 생성한다는 개념은 이미 존재했지만 무지개를 스펙트럼으로 설명하면서 빨간색·주황색·노란색·녹색·파란색·남색·보라색 등 일곱 가지 색으로 이루어졌다고 규정한 것은 뉴턴이 최초였다. 역사상 가장 막강한 영향력을 발휘한 과학자였음에도 뉴턴은 미신을 신봉했는데, 그는 스펙트럼에 행운의 숫자인 '일곱' 개의 색이 있다고 생각했기에 새로운 색을 고안하고 그 무렵 인도에서 영국으로 들어온 짙은 파란색의 식물성 염료 이름을 따서 '인디고'(indigo, 남색)라는 이름을 붙였다. 뉴턴은 본인이 주장한 운동 법칙에 따라 작은 공처럼 거동하는 입자, 즉 미립자로 빛이 이루어졌다는 이론을 제안했다. 반면 다른 사람들은 빛이 파동이라고 주장했다.

아이작 뉴턴

뉴턴은 운동 법칙, 만유인력 법칙, 그리고 자연계 대부분이 그렇듯 끊임없이 변화하는 현상을 분석하는 수학 기술인 미적분학을 정립한 인물로 널리 알려져 있다. 열과 빛에도 관심이 있었으며, 값비싼 렌즈 대신 거울을 사용하는 새로운 형태의 망원경(천문학에 적합)을 발명한 것으로도 유명하다. 그러나 뉴턴이 진정으로 열정을 쏟은 분야는 연금술로, 황금을 만들기 위해 끊임없이 노력했지만 당연하게도 연금술에는 성공하지 못했다.

과학 혁명 p.18 과학 기관의 출현 p.19

19세기에 제작된 이 목판화는 뉴턴이 프리즘을 통해 백색광을 분산하는 장면을 상상한 것이다.

아이작 뉴턴의 주요 저작

《무한급수에 의한 해석학에 관하여》(1669)
《자연 철학의 수학적 원리》(1687)
《열의 척도. 열에 관한 설명과 기호》(1701)

→ 운동 법칙 **p.157** 만유인력 **p.158** 질량 분석법 **p.202**

공중에 매달린 소년

The Flying Boy

1730

스티븐 그레이: 〈전기에 관한 몇 가지 실험이 서술된 편지〉 • 영국 런던

스티븐 그레이의 주요 저작

〈스티븐 그레이의 편지〉
(1666/7~1736)

전기는 적어도 기원전 6세기부터 연구되었는데, 당대의 철학자이자 최초의 과학자라고도 불리는 탈레스는 호박을 문지르면 작은 물체가 달라붙거나 불꽃이 일어나는 신비한 현상을 설명했다('전기'라는 단어가 그리스어로 호박을 뜻하는 '엘렉트라'에서 유래했다). 전기를 일으키는 개선된 방식은 17세기에 개발되었으며, 여기에는 붓에 유리로 만든 공을 대고 굴려서 전기를 충전하는 마찰 발생기도 포함된다. 그러나 여전히 전기는 정적인 현상으로 여겨졌다. 이후 1730년에 교사 스티븐 그레이(1666~1736)는 전하가 흐를 수 있으며, 이는 어느 물질은 통과하지만 다른 어느 물질은 통과하지 못한다는 것을 밝혔다. 이 시대에는 상류층이 만찬 후에 즐기는 공연에서 '전기 기술자'가 전기 현상을 시연하곤 했기에 그레이는 전기 기술자와 같은 극적인 방식으로 본인의 발견을 선보였다. 이를테면 그의 제자인 소년 한 명이 엎드린 자세로 명주 밧줄에 매달려 바닥 위를 맴돌면서 두 손을 금박이 놓인 접시 위로 내민다. 이어 그레이가 마찰 발생기를 사용해 소년의 발에 전기를 일으키면 금박이 공중에 매달린 소년의 손을 향해 날아 올라갔는데, 이는 전하가 소년의 몸을 따라 흘렀음을 보여주는 것이다. 그레이는 훗날 금속과 상아는 전하를 흐르게 하지만, 비단 등의 물질은 전하의 흐름을 막는다는 것을 발견했다. 오늘날 전하를 흐르게 하는 물질은 도체, 전하 흐름을 막는 물질은 절연체로 알려져 있다.

스티븐 그레이

영국 캔터베리 출신의 스티븐 그레이는 아버지가 운영하는 염색 공장에서 견습공으로 일했다. 바로 그 공장에서 전기 현상을 발견했는데, 직물이 짜일 때 이따금 전하를 띠기 때문이다. 그는 왕실천문관에서 일하기도 했으나 이후 가난에 시달렸고, 그러던 중 친구들의 주선으로 차터하우스 학교에서 근무하며 전기 실험을 했다. 1732년 그레이는 왕립학회가 수여하는 권위 있는 상인 코플리 메달의 최초 수상자가 되었다.

과학 기관의 출현 p.19 전기 p.24

스티븐 그레이의 공중에 매달린 소년 실험은 파티의 오락거리였던 전기가 급속도로 발전해 인간에게 가장 중요하고 유용한 도구가 되는 계기를 마련했다.

과학적 절차 **p.182** 음극선관 **p.193**

광합성의 발견

Discovery of Photosynthesis

얀 잉엔하우스: 〈식물에 관한 실험, 햇빛을 받으면 공기를 정화하지만 그늘지거나 밤이 되면 공기를 해롭게 만드는 식물의 막강한 힘〉 • 영국 요크셔 손힐

17세기 중반, 벨기에의 연금술사 얀 밥티스타 판 헬몬트(1580~1644)는 커다란 화분에 심은 나무가 꾸준히 성장했음에도 흙의 무게는 변하지 않았음을 언급했다. 그러면서 나무가 성장하여 무게가 증가한 원인은 분명 화분에 준 물 때문이라고 결론지었다. 이는 물을 주지 않으면 나무가 시드는 이유를 설명하기도 한다. 100년이 넘는 세월이 흐른 뒤, 네덜란드 학자 얀 잉엔하우스(1730~1799)는 식물이 낮에는 산소를 방출하지만, 밤에는 다른 동물과 마찬가지로 이산화탄소를 방출한다는 것을 발견했다. 당대 산소를 발견했던 친구 조지프 프리스틀리와 함께 지내면서 그러한 성취를 이루어낸 그는 식물이 공기 중의 이산화탄소를 흡수하거나 '고정'함으로써 성장할 때 나무와 잎을 만드는 원료로 사용한다고도 주장했다. 한편, 이러한 현상에 '빛으로 만들다'라는 의미의 '광합성'이라는 용어가 확립되기까지는 100년의 시간이 더 걸렸다. 엽록소로 불리는 초록 색소는 태양광에서 빨간색과 파란색에 해당하는 파장을 흡수해 이산화탄소와 물을 반응시켜 단당류인 포도당을 합성한다. 광합성을 거쳐 생성된 포도당은 지구상에 존재하는 거의 모든 먹이사슬의 토대가 된다.

박물학과 생물학 p.22

얀 잉엔하우스

네덜란드 브레다에서 태어난 얀 잉엔하우스는 의사 자격을 취득한 뒤 런던으로 건너가 천연두 예방접종법 중 하나인 인두 접종의 전문가로 활약하며 큰돈을 벌었고, 유럽 왕족의 시의로 일하기도 했다. 그는 광합성뿐만 아니라 전기와 열도 연구했고, 벤저민 프랭클린을 포함한 당대 주요 연구자들과 편지를 빈번하게 주고받았다.

얀 잉엔하우스와 시종 도미니크는 이전에는 알려지지 않았던, 식물이 빛을 이용해 에너지를 생산하는 능력을 입증했다.

얀 잉엔하우스의 주요 저작

〈얀 잉엔하우스가 벤저민 프랭클린에게 보낸 편지〉(1776년 11월 15일)
〈평범한 공기와 질소의 혼합물에서 발생한 부피 감소를 측정하는 쉬운 방법〉(1776)

→ 방사성 탄소 연대 측정법 **p.197**

산소 Oxygen

조지프 프리스틀리: 《여러 종류의 공기에 관한 실험과 관찰》 • 영국 윌셔 보우드

화학의 태동 **p.20**

총 6권으로 구성된 프리스틀리의 저서 《여러 종류의 공기에 관한 실험과 관찰》(1774~1786)에 수록된 실험 기구 삽화.

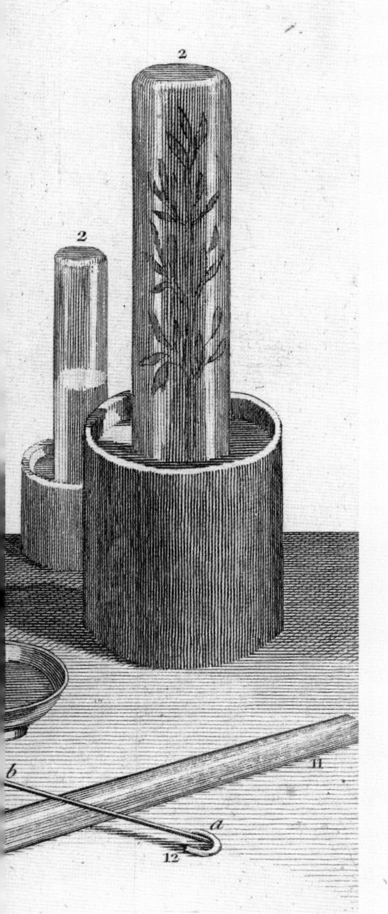

1756년 스코틀랜드인 조지프 블랙은 알칼리성 물질에 의해 흡수되거나 고정되는 것처럼 보이는 '고정된 공기'(오늘날은 이산화탄소로 불림)를 발견했다. 고정된 공기는 불을 끄거나 생명체의 목숨을 앗아가기에 '해로운' 공기이기도 했다. 그와 비슷하게, 영국인 다니엘 러더퍼드도 1772년에 훗날 질소라고 불릴 공기를 발견하고는 공기 대부분이 그러한 방식으로 '해롭다'고 밝혔다. 그러나 불꽃을 일으키고 생명을 유지하는, 공기의 '이로운' 부분을 분리해내기란 훨씬 어려운 일이었다. 이로운 공기는 마침내 1774년 또 다른 영국인 조지프 프리스틀리가 렌즈로 초점을 맞춰 햇빛을 모아 짙은 오렌지색 수은 시료를 가열했을 때 우연히 발견되었다. 가열된 수은 시료는 순수한 수은으로 분해되면서 무색무취의 기체를 방출했는데, 그 기체는 불을 끄기는커녕 은은했던 불씨를 불꽃으로 활활 타오르게 했다. 시간이 흐른 뒤, 이 새로운 공기에 대한 연구는 당대 과학계의 슈퍼스타 앙투안 라부아지에(1743~1794)가 맡았다. 프랑스 과학자 라부아지에는 산소가 연소 반응과 물·이산화탄소·재의 생성에 관여한다는 것, 그리고 인간을 비롯한 동물이 공기 중의 산소를 마시고 이산화탄소를 내뿜는다는 것을 밝혔다. 그는 또 물이 산소와 수소의 화합물임을 입증하고 두 기체에 이름을 붙였다. 수소는 '물의 근원', 산소는 '산(acid)의 근원'을 의미한다.

조지프 프리스틀리
요크셔 출신의 프리스틀리는 비국교도 성직자 겸 아마추어 과학자였다. 1722년 이산화탄소와 물을 섞어서 탄산수를 제조하는 방법을 고안했고, 그 획기적인 음료 덕분에 명성을 얻어 셸번 백작의 과학적 자문을 맡아 그곳에 머물며 산소를 발견하기도 했다. 미국 독립을 지지했던 프리스틀리는 그에 반대하는 민족주의자에 의해 1794년 영국에서 쫓겨나 남은 인생을 펜실베이니아에서 보냈다.

조지프 프리스틀리의 주요 저작

《전기의 역사와 현 상황》(1767)
《새로운 역사의 도표》(1769)
《자연 종교와 계시 종교의 원리》(1772~1774)
《물질과 정신에 관한 논고》(1777)
《철학적 필요에 따라 설명한 교리》(1777)
《철학적 불신자에게 보내는 편지》(1780)

→ 원자론 p.159 원자가 결합 이론 p.168

지구의 무게 Weight of the Earth

헨리 캐번디시: 《지구의 밀도를 측정하는 실험》 • 영국 런던

헨리 캐번디시의 주요 저작

《과학 논문집 제1권》(1921)
《과학 논문집 제2권》(1921)
《헨리 캐번디시의 전기 연구》(1879)

만유인력 법칙과 관련한 가장 눈부신 발견은 역제곱 법칙으로, 중력의 세기가 두 물체 사이 거리의 제곱에 반비례한다는 것이다. 즉, 두 물체 사이의 거리를 2배로 늘리면 중력은 4배 감소한다. 이 법칙에는 '큰 g'로도 알려진 상수 G가 도입되었는데, 이를 통해 두 질량 사이에 얼마나 큰 힘이 존재하는지를 계산할 수 있다. 1789년 헨리 캐번디시는 지구의 밀도와 무게를 측정하고자 했다. 이를 위해서는 이전보다 더욱 정확하게 G를 결정해야 했는데, 캐번디시는 저울에 매달린 납 무게추와 작은 납 무게추 사이의 중력에 의해 미세하게 뒤틀려 있는 비틀림 저울을 설계 및 제작했고, 런던 자택 뒤의 건물 안에 비틀림 저울만을 단독 설치한 다음, 다른 어떠한 힘도 저울에 영향을 미치지 않도록 주의하며 건물 외부에서 저울의 움직임을 관측했다. 캐번디시는 무게추의 질량을 알았으므로 무게추가 얼마나 움직였는지 알면 무게추 사이의 인력을 계산할 수 있었다. 그가 도출한 상수 G값은 오늘날 알려진 값인 6.67428×10^{-11}에 근접했다(참으로 작은 수이다). G값을 계산한 캐번디시는 중력 가속도에 기초해 지구 질량을 계산하고, 지구의 밀도가 물의 밀도보다 약 5배 크다는 결론을 얻었다.

헨리 캐번디시

데번셔 공작의 셋째 아들로 태어난 캐번디시는 과학을 향한 호기심을 거의 충족할 만큼 많은 자원을 소유하고 있었다. 사람들과 대면하는 것이 고통스러울 정도로 수줍음이 많던 그는 막 성인이 되자마자 하인들과 마주치지 않고도 연구실에 들어갈 수 있는 전용 계단을 만들기도 했다. 캐번디시는 1766년 훗날 수소로 알려진 가연성 공기를 발견하면서 영국 과학의 선구자가 되었다.

지질학과 지구 과학 **p.23**

헨리 캐번디시의 전신화, 19세기.

만유인력 **p.158** 표준 측정 **p.185**

질량 보존 Conservation of Mass

앙투안 라부아지에: 《화학 원론》 • 프랑스 파리

앙투안 라부아지에
파리 출신의 과학자. 법학을 공부해 변호사가 되었으나 언제나 물리학과 화학에 관심이 많았고 1768년에는 프랑스의 권위 있는 과학 아카데미에 입학했다. 그는 1789년 일어난 프랑스 대혁명이 나라를 더욱 평등하고 포용력 있는 구조로 재편할 기회라고 보았지만, 혁명가들은 대혁명 이전에 부유했던 사람에게서 점차 등을 돌렸고, 결국 중산층 출신이었던 라부아지에는 1794년 단두대에서 처형당했다.

세상이 일련의 단순한 물질 또는 원소로 구성되어 있다는 직감은 옳았다. 그리고 고대에 4원소로 일컬어졌던 흙, 공기, 불, 물보다 훨씬 더 많은 원소가 존재한다는 것이 밝혀졌다. '화학의 아버지' 앙투안 라부아지에가 1789년 작성한 최초의 원소 목록에는 여전히 수많은 오류가 있다. 그럼에도 라부아지에는 물질이 한 형태에서 다른 형태로 서서히 변화한다는 생각, 예컨대 물이 흙이 된다는 고대의 개념이 틀렸음을 성공적으로 밝혀냈다. 그는 밀폐된 플라스크에 물 1.36킬로그램을 담아 100일간 끓인 뒤, 같은 무게의 물이 여전히 남았다는 것을 증명했다. 이러한 발견을 통해 물질은 파괴되거나 생성될 수 없다는 원리가 확립되었지만, 한편으로 물질은 끊임없이 결합하고 또 재결합을 이루며 화합물이 되었다. 가장 유명한 사례로, 라부아지에는 수소(다른 말로 가연성 공기)를 산소와 함께 연소시키면 물이 생성되며, 또한 물은 그러한 성분으로 다시 쪼개질 수 있음을 입증했다. 부유한 프랑스 귀족이었던 그는 비싸고 정밀한 실험 기구를 사용할 수 있었기에, 화학 반응이 일어나기 전의 물질 무게가 반응 도중 방출되는 기체를 포함한 반응 생성물의 무게와 정확하게 같다는 것을 증명할 수 있었다.

앙투안 라부아지에의 주요 저작

《플로지스톤에 대한 재고》(1783)
《화학 원론》(1789)
《열에 관한 회고록》(1780)

화학의 태동 p.20

자크 루이 다비드(1748~1825)가 1788년 그린 라부아지에와 그의
아내 마리안 피에레테 폴즈의 초상화.

주기율표 p.162 원자가 결합 이론 p.168 증류법 p.204

동물 전기 Animal Electricity

1791

루이지 갈바니: 〈전기가 근육 운동에 미치는 효과에 관한 주석서〉 • 이탈리아 볼로냐

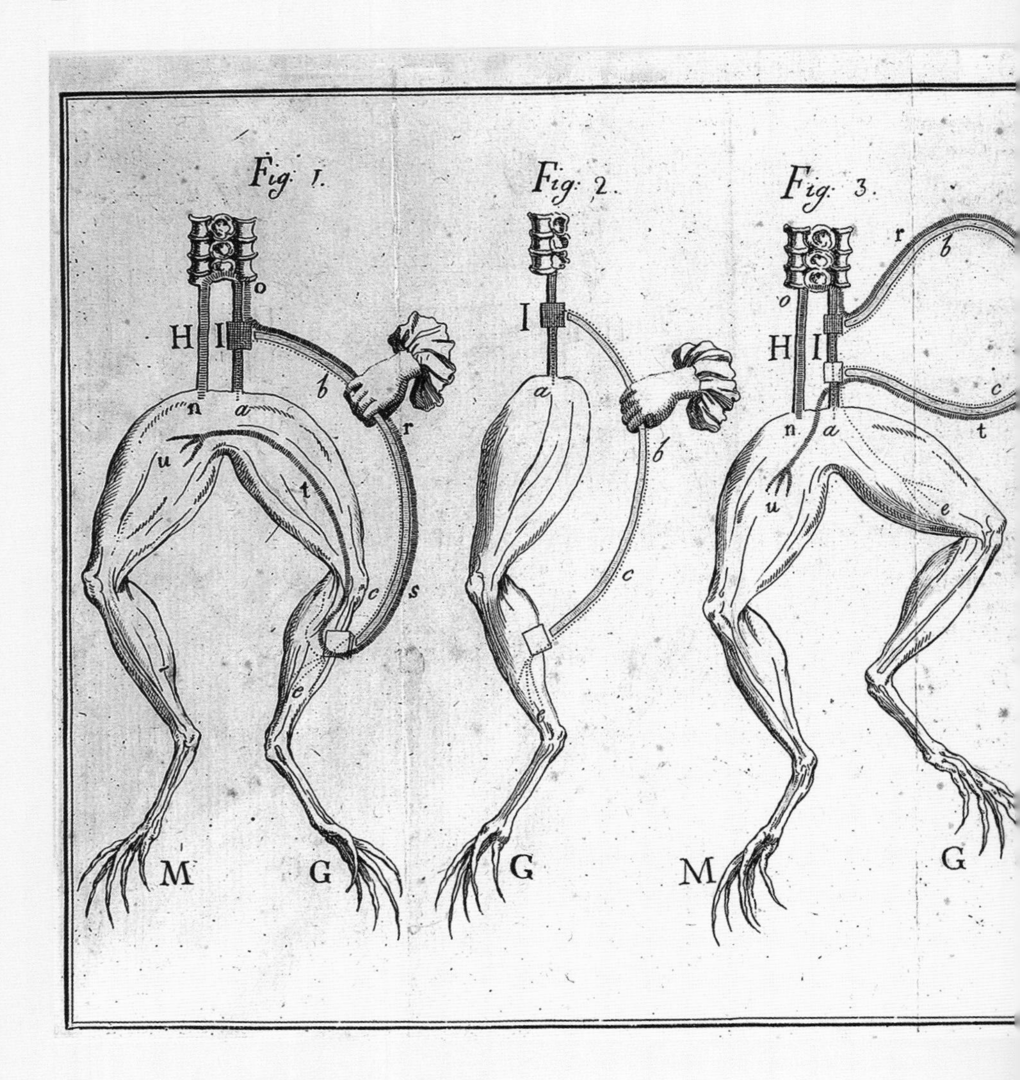

갈바니가 죽은 개구리의 몸을 절단하여 수행한 1793년의 실험을 묘사한 것으로, 양서류의 좌골 신경에 접촉시킨 금속의 위치를 보여준다.

과학 및 산업 혁명 p.21 전기 p.24 

전기가 회로에 공급되면 유용하게 쓰일 수 있다는 생각의 첫 번째 근거는 놀랍게도 개구리 다리에서 나왔다. 이는 물리학이 아닌 해부학 전문가 루이지 갈바니(1737~1798)가 우연히 발견한 것으로, 그는 철제 난간과 연결된 구리 고리에 절단된 개구리 다리를 매달았을 때 섬뜩하게도 개구리 다리가 살아있는 듯이 실룩거리기 시작한 것을 확인했다(이 이야기의 또 다른 버전에서는 개구리 다리를 절단하려고 금속 핀으로 고정한 상태에서 해부용 금속 칼이 닿자 같은 현상이 발생했다고 한다). 어느 쪽이든 간에, 갈바니는 두 가지 다른 금속의 중요성에 주목하고 한쪽 끝은 구리, 다른 한쪽 끝은 철로 만들어진 활모양 연결 장치를 만들었다. 그가 연결 장치의 양끝, 즉 오늘날에는 전극이라 불리는 부분을 개구리 다리의 양끝에 갖다 대자 다리에서 불꽃이 튀며 특유의 경련이 일어났다. 개구리 사체의 어느 절단 부위로 실험하더라도 늘 같은 현상이 발생했다. 갈바니의 조카 조반니 알디니(1762~1834)는 갈바니의 기술을 바탕으로 근래에 처형된 살인범의 시신을 살려내고자 세계를 여행했는데, 이에 관한 기록은 메리 셸리가 《프랑켄슈타인》을 집필하는 데 영감을 주었다고 한다. 갈바니는 발견한 전기가 생명 유지에 필수적인 힘으로서 동물에게 생명력을 부여한다고 주장했다. 근육과 신경이 전기 신호를 이용하는 것은 맞지만, 어쨌든 이 실험에서 실제로 이루어진 것은 염분을 함유한 동물의 체액과 두 가지 금속이 원시적인 형태의 배터리를 만들어냈다는 사실이다.

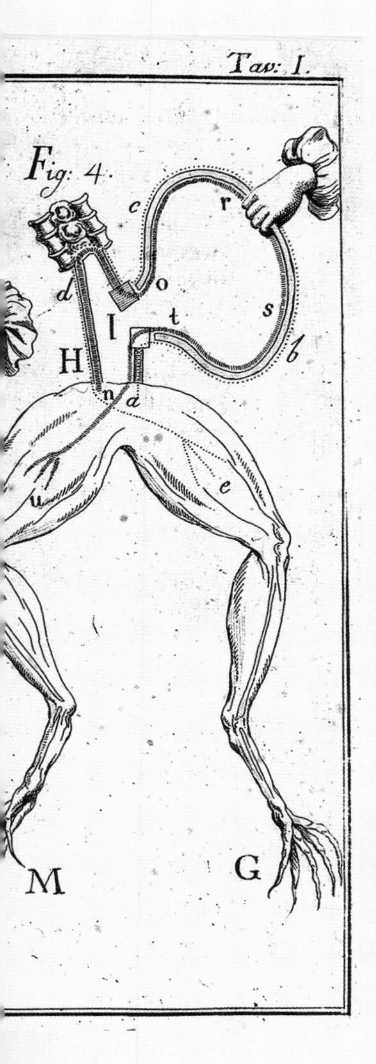

루이지 갈바니

갈바니는 평생을 이탈리아 볼로냐에서 보냈다. 그는 성직자를 꿈꿨으나 의학을 공부하기로 결심하고 외과를 별도로 공부해 볼로냐대학교의 해부학 교수가 되었다(해부학 교수로 임용된 데에는 전임교수였던 장인의 도움이 컸다).

루이지 갈바니 관련 주요 저작

조반니 알디니, 《갈바니즘의 최근 개선점에 대한 설명》(1804)

→ 네 가지 기본 힘 p.165

예방 접종 Vaccination

1796

에드워드 제너: 〈영국 서부 일부 자치주, 특히 글로스터셔 주에서 발견되며 우두라는 이름으로 알려진 질병인 천연두의 원인과 결과에 대한 조사〉 • 영국 런던

에드워드 제너가 예방 주사를 놓은 환자가 소로 변하는 모습을 풍자한 제임스 길레이의 식각화. 1802년.

의학의 탄생 p.14

에드워드 제너

글로스터셔 교구 목사의 아들로 태어난 제너는 유년 시절 받은 인두법 접종으로 인해 평생 건강 문제에 시달렸다. 열네 살에 외과의사 밑에서 견습생으로 일한 그는 런던으로 건너가 의학공부를 마쳤고, 이후 글로스터셔로 돌아와 고향 마을에서 개업의로 일했다. 그는 백신 분야에 남긴 업적으로 수많은 찬사를 받았고, 1821년에는 영국 왕 조지4세의 시의로 임명되기도 했다.

1796년 영국의 의사 에드워드 제너(1749~1823)는 환자였던 8세 소년 제임스 핍스에게 생명에 치명적인 데다가 외모를 해치는 질병인 천연두의 예방 접종을 처음 실시했다. 이 예방 접종은 소젖을 짜는 노동자들 사이에 유행한 질병으로서 천연두와 흡사하지만 천연두보다는 훨씬 덜 치명적인 우두를 앓는 환자로부터 고름을 얻어 환자에게 주입하는 방식이었다. 제너는 라틴어로 '암소'를 뜻하는 라티어 '바카'(vacca)에서 '백신 접종'(vaccination)이라는 용어를 만들었다. 제너의 이 놀라운 발견은 느닷없이 나타난 것이 아니다. 영국에는 1720년대에 인두 접종이 소개되었는데, 피부에 작은 상처를 내어 천연두 환자의 물집에서 채취한 고름을 그 상처에 문지르는 방식이었다. 이 방법은 고름으로 인해 사망하지 않는 한 면역을 형성하는 듯 보였으나, 사망할 가능성 또한 분명히 존재했다. 1770년대에 이르러 일부 연구자는 우두에 걸린 사람들이 천연두에 걸리지 않는다는 사실을 발견했고, 1774년에 천연두가 창궐하자 도싯 지역에서 농부로 일하던 벤저민 제스티가 가족에게 우두를 접종했다는 보도도 있다. 글로스터셔의 농촌 마을에서 의사로 일하던 제너는 20년간의 연구 끝에 우두 접종이 안전하다고 확신했다. 그는 제임스 핍스에게 우두를 접종하고 며칠이 지난 뒤 천연두 고름을 다시 주사했지만, 핍스는 천연두를 앓지 않았다.

에드워드 제너의 주요 저작

《우두에 관한 추가 관찰 사항》(1799)
《우두와 연관해 지속적으로 관찰된 사항과 사실》(1800)
《우두 접종의 기원》(1801)

임상 시험 p.208

멸종의 증명 Proving Extinction

1796

조르주 퀴비에: 《지구 이론에 관한 에세이》 • 프랑스 파리

조르주 퀴비에의 주요 저작

《파리 근교의 광물지리에 관한 에세이》(1811)
《동물의 왕국》(1817)
《지구 이론》(1821)

박물학과 식물학 p.22 지질학과 지구 과학 p.23

화석은 역사를 통틀어 다양한 방법으로 해석되어 왔다. 고대 중국인은 화석이 용의 뼈라고 생각했다. 나선형 암모나이트를 똬리 튼 뱀이 굳은 돌로 여기기도 했다. 어떤 이들은 신이 만물을 창조했다는 믿음을 시험하기 위해 바위 속에 화석을 넣었다고 주장했고, 다른 이들은 화석이 오래전에 살았던 생명체이며 현재 지구를 살아가는 동물과 같은 동물 종에 속한다고 추정했다.

1796년 프랑스 동물학자 조르주 퀴비에(1769~1832)는 미국 코끼리 화석이 오늘날의 아시아코끼리 및 아프리카코끼리와 상당히 다르다는 것을 발견했고, 화석 기록이 알려주듯이 본인이 살아가는 시대의 동물과 과거에 생존했던 동물은 같은 종이 아니라는 놀라운 사실을 밝혀냈다. 생물종이 빠르게 멸종(완전히 없어짐)했다는 아이디어는 진화론의 기본 개념이 되었다. 또한 화석 기록은 지구 나이가 종교의 전통적 가르침에서 언급하는 연대보다 수백만 년 더 오래되었다는 주장을 폭넓게 뒷받침한다.

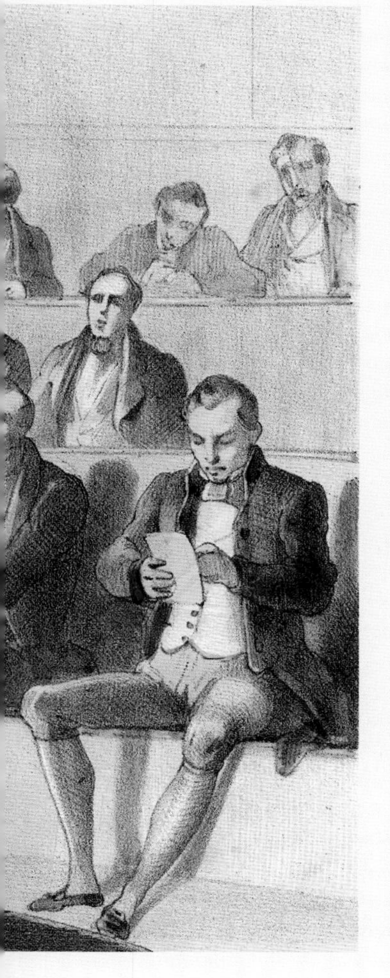

조르주 퀴비에

고생물학의 창시자로 알려졌지만, 멸종한 생물의 화석이 현대 야생동물의 조상을 나타낸다고는 믿지 않았고 진화론도 격렬히 반대했다. 대신 멸종한 생물이 노아의 방주 시기를 포함해 잇달아 발생했던 대홍수의 증거라고 주장했다.

파리 국립자연사박물관에서 고생물학을 강의하는 조르주 퀴비에.

→ 자연 선택에 의한 진화 **p.161** 세포 내 공생설 **p.173** 방사성 탄소 연대 측정법 **p.197**

전기 분해 Electrolysis

험프리 데이비: 《험프리 데이비 경의 수집품》 • 영국 런던

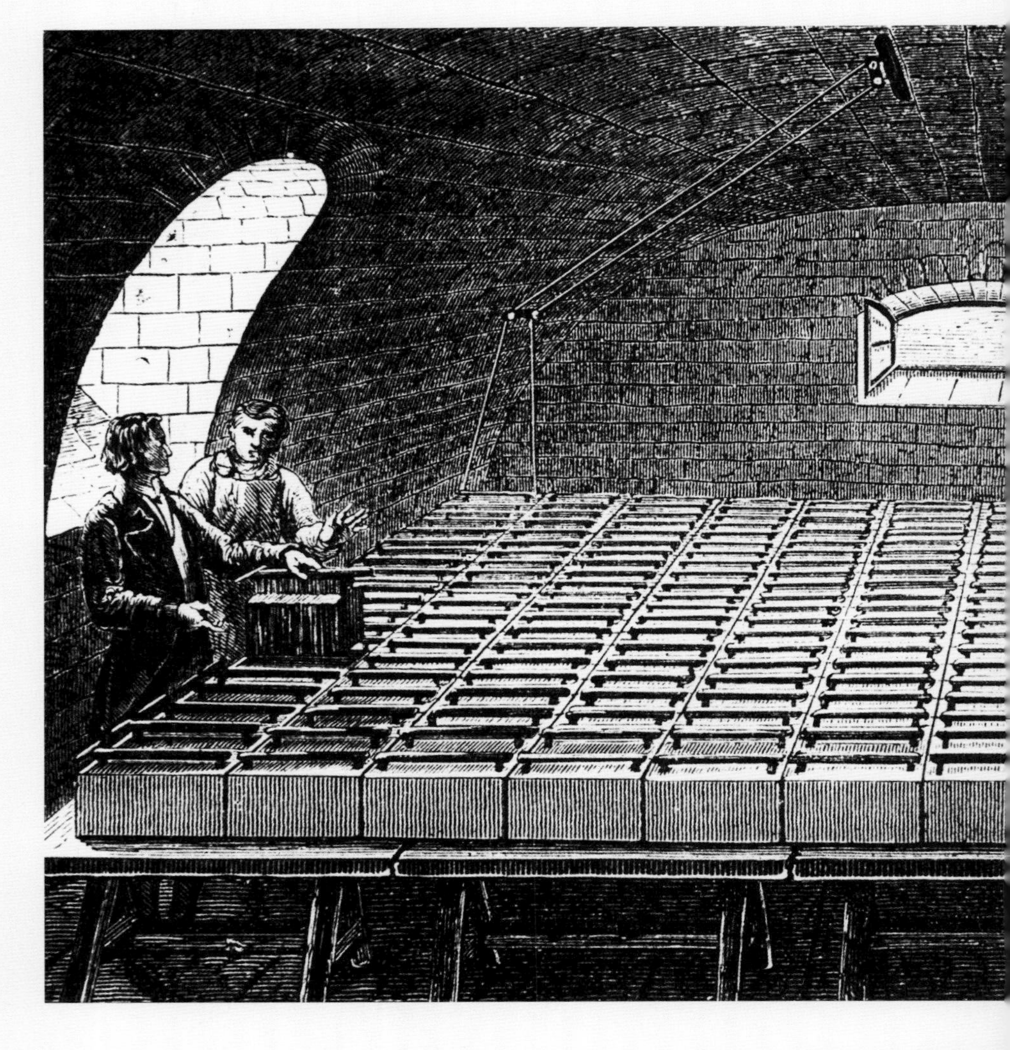

전기 p.24

험프리 데이비의 주요 저작

《아산화질소 또는 플로지스톤을 제거한 질소성 공기 및 그 공기의 흡입에 관한 화학 및 철학 연구》(1800)
《화학 철학의 요소》(1812)
《H. 데이비 경의 논문집》(1816)

1800년에 전기 배터리가 발명된 덕택에 과학자들은 자연을 탐사하는 도구로서 그 새로운 전류원을 사용하며 시간을 절약할 수 있었다. 그들 과학자 중에서도 가장 성공한 인물이 콘월 출신의 화학자 험프리 데이비(1778~1829)다. 그는 광부용 안전등을 발명하고 '웃음가스'를 발견한 업적으로 명성을 얻었다. 데이비는 세계에서 가장 큰 배터리를 지하실에서 제작하고 있던 런던 왕립연구소의 수석 연구원으로 근무했다. 그는 전류가 물을 수소와 산소 기체로 분해한다는 것, 즉 훗날 전기 분해라고 명명된 반응을 이미 알고 있었기에, 광물이 용해된 용액에 전류가 흐르면 어떤 현상이 일어나는지를 확인할 목적으로 왕립연구소의 거대한 배터리를 사용했다. 데이비가 첫 실험 재료로 쓴 두 가지 물질은 탄산칼륨과 탄산나트륨으로, 두 물질 모두 당시에는 원소로 여겨졌다. 전기 분해 결과 실제 두 물질은 알려지지 않은 두 가지 금속의 화합물이라는 것이 밝혀졌으며, 데이비는 그 두 금속을 각각 포타슘(칼륨)과 소듐(나트륨)이라고 명명했다. 나중에는 같은 기술을 활용해 마그네슘, 칼슘, 붕소, 스트론튬, 바륨을 발견했고, 염소와 아이오딘이 원소라는 사실도 밝혔다. 전기 분해는 화합물을 구성하는 원자들이 특정 종류의 전기력에 의해 서로 결합되어 있다는 강력한 실마리를 제공했다.

험프리 데이비

영국 펜잰스에서 목수의 아들로 태어난 그는 후견인 존 톤킨에게 교육비를 지원받고 톤킨의 주선으로 약제상에서 견습생으로 일했다. 그러나 머지않아 약제상 주인들은 10대 소년 데이비의 위험한 화학실험에 불만을 품었고, 이후 데이비는 브리스톨로 이주해 기체 연구기관이었던 공압연구소에서 근무하게 된다. 그곳에서 아산화질소(웃음가스) 발견을 도우며 과학자로서 경력을 쌓은 그는 과학의 후원자가 되어 마이클 패러데이를 가르쳤으나, 1820년대에 패러데이가 비밀리에 진행한 전기 모터 연구로 인해 둘 사이는 틀어지고 말았다.

런던 메이페어 지구에 세워진 왕립연구소 건물 지하의 거대한 배터리를 묘사한 19세기 판화 작품.

주기율표 p.162

이중 슬릿 실험
Double Slit Experiment

토머스 영: 《물리광학에 관한 실험 및 계산》 • 영국 런던

19세기에는 경쟁적이고 상호배타적인 두 개의 빛 이론이 있었다. 뉴턴은 빛이 입자의 흐름이라고 주장했고, 하위헌스는 빛이 파동으로 구성되었다고 주장했다. 특히 하위헌스는 빛을 파동으로 간주하면서 빛의 움직임을 더욱 합리적으로 설명했다. 이를테면 빛은 좁은 틈새(슬릿)를 통과할 때 사방으로 퍼지면서 회절 현상을 일으킨다. 연못을 가로질러 퍼져 나가는 물결도 틈새를 통과하면 반원 형태의 파동을 형성하며 빛과 같은 현상을 일으킨다. 빛 입자로는 그러한 현상을 설명하기가 매우 어렵지만, 그럼에도 수많은 사람들이 뉴턴의 가설을 고수했다. 한편, 1804년 토머스 영(1773~1829)은 빛의 파동과 물의 파동을 비교했는데, 그중에서도 파동이 합쳐지는 간섭 현상을 탐구했다. 위상이 같은 두 파동이 중첩되어 생성된 새로운 파동은 기존 파동보다 두 배 크다. 반면, 위상이 반대인 두 파동이 중첩되면 상쇄된다. 영은 두 개의 틈새에 물결을 통과시켜서 이러한 현상을 확인했다. 게다가 틈새의 맞은편에는 간섭 현상이 일어나 높고 낮은 물결이 교차하는 독특한 무늬가 생성되었다. 다음으로 토머스 영이 두 개의 좁은 틈새에 빛을 비추자 맞은편에 밝고 어두운 띠가 교차하는 특이한 무늬가 생성되었는데, 이는 물결과 마찬가지로 빛의 파동이 보강 또는 상쇄된 결과였다. 이는 빛이 입자의 흐름이 아닌 파동이라는 증거였다.

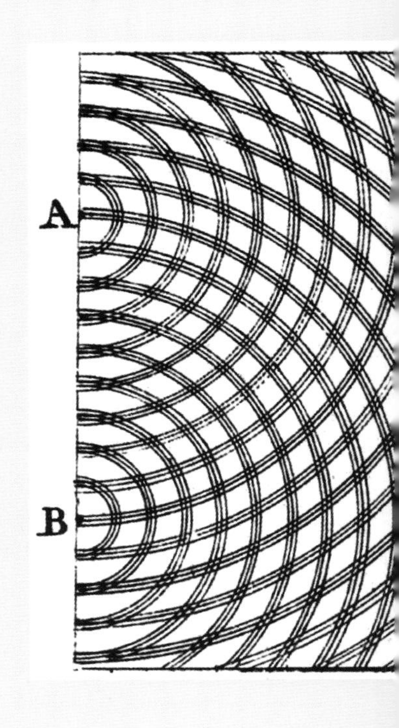

토머스 영

영국 웨스트컨트리 지역에 자리 잡은 부유한 퀘이커교도 가문 출신의 토머스 영은 1801년까지 런던에서 의사로 일하다가 학문 연구를 시작했다. 그는 빛을 연구했을 뿐만 아니라, 길이 탄성률을 나타내는 척도인 영률(Young's modulus)을 창안하여 이름을 남겼다.

새로운 물리학 p.27

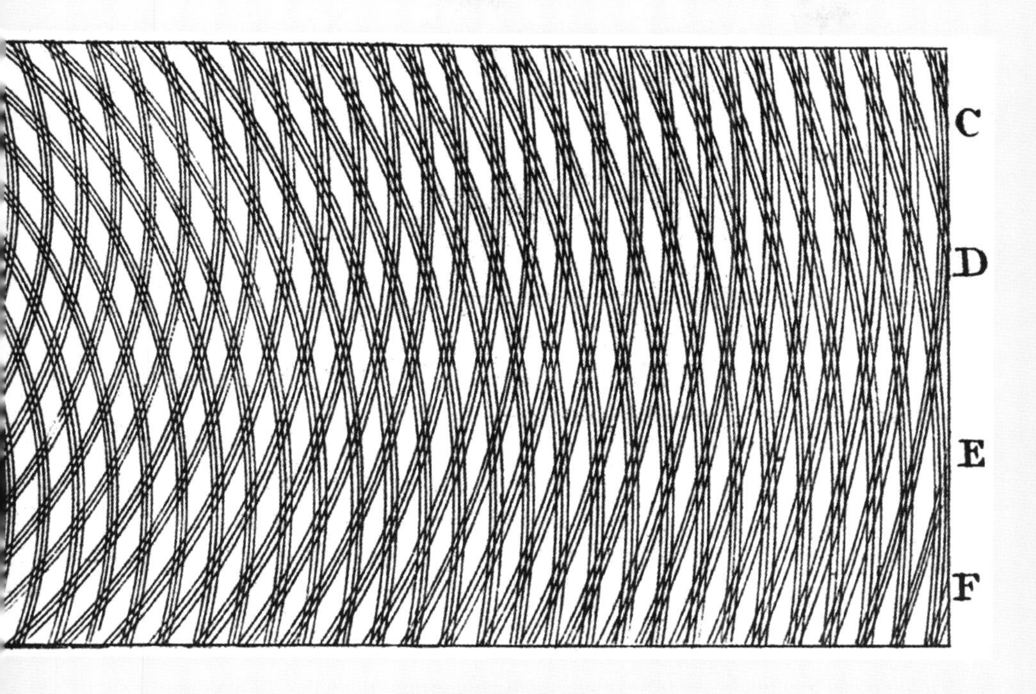

영이 이중 슬릿에 의한 회절 무늬를 관찰하고 그린 그림. 좁은 슬릿 A·B에는 광원이 놓여 있으며, C·D·E·F에는 다양한 위상을 지닌 두 파동이 만나 간섭무늬가 형성된다.

토머스 영의 주요 저작

《자연 철학과 기계 기술에 관한 강의》(1807)
《고(故) 토머스 영이 남긴 다양한 업적》(1855)

양자 물리학 **p.167** 레이저 **p.195**

전기와 자기의 통합

Electromagnetic Unification

1820

한스 크리스티안 외르스테드: 〈자기 바늘에 대한 전류 영향을 탐구하는 실험〉
• 덴마크 코펜하겐

한스 크리스티안 외르스테드의 주요 저작

《자연 속의 정신》(1850)

앙드레 마리 앙페르

전류가 자기장을 형성하는 현상은 발견자의 이름을 따서 외르스테드의 법칙이라 불리지만, 초기 전자기 연구는 전류와 자기력의 관계를 정량화한 앙드레 마리 앙페르(1775~1836)가 주도했다. 전류의 단위인 암페어(A)는 앙페르의 이름에서 유래한 것이다.

철을 비롯한 금속이 서로를 끌어당기거나 밀어내는 자기력은 기원전 600년경 그리스 자연 철학자들이 처음으로 언급했을 만큼 오래된 개념이다. 그로부터 대략 500년 후 중국의 흙점술사는 점을 칠 때 나침반을 사용하기 시작했고, 이 나침반은 수백 년간 항해도구로 쓰이며 세상을 바꾸었다. 그러나 그때까지 자기는 전기현상과 마찬가지로 '반대인 것은 끌어당기고 같은 것은 밀어내는' 인력과 척력이 작용함에도 전기와 별개로 다루어졌다. 그러던 중 1820년 덴마크의 물리학자 한스 크리스티안 외르스테드(1777~1851)가 판도를 뒤집는다. 자기현상과 전기현상을 단일한 전자기장으로 통합하여 현대 기술의 토대를 마련한 것이다. 코펜하겐에서 개최된 외르스테드의 강연은 본래 전기가 전선을 빛나게 하며 열을 방출하는 현상을 증명하는 것이 목적이었다. 그런데 이후 실험에 쓰일 나침반이 실험대의 전선 옆에 놓여 있었고, 외르스테드는 전선에 전류가 흐를 때면 나침반 바늘이 휙 돌아 특정 방향을 가리키다가 전류가 멈추면 바늘이 다시 북쪽을 가리키는 장면을 목격하게 된다. 이 현상은 전류가 흐르는 물체에 자기장이 생성된다는 것을 분명하게 보여주는데다가 전기 모터부터 통신에 이르는 다양한 분야에 적용 가능하기 때문에 이후 수십 년간 발명가들에게 주목을 받았다.

이 19세기 판화 작품은 전류가 흐르는 도체로 인해 나침반 바늘이 직각으로 회전하는 현상을 발견한 외르스테드의 모습을 묘사하고 있다.

전기 p.24

카르노 순환 Carnot Cycle

사디 카르노: 《불의 동력에 관한 고찰》 • 프랑스 파리

사디 카르노의 주요 저작

《불의 동력에 관한 고찰》(1890)

19세기 초에는 증기기관이 홍수를 이루었다. 강력한 증기기관이 유럽 곳곳의 공장에 설치되었다는 사실만으로도 증기기관의 효과는 충분히 입증되었으나, 증기기관의 작동 원리는 완벽하게 밝혀지지 않은 상황이었다. 이에 프랑스 출신의 젊은 군인 사디 카르노(1796~1832)는 증기기관이 열을 어떻게 운동으로 전환하는지 알아내기로 했다. 그리고 열이 열원(연료)으로부터 증기기관 외부의 저온 싱크로 이동하면서 증기기관이 작동한다는 결론을 내렸다. 증기기관의 작동은 열원과 저온 싱크 사이의 온도 차이와 동등하며, 에너지 전환은 오늘날 카르노 순환으로 알려진 4단계로 이루어진다. 1단계에서는 열이 온도를 변화시키지 않으면서 증기(또는 다른 기체)를 팽창시킨다. 2단계에서는 팽창이 계속되지만 증기의 열이 증기기관의 피스톤을 누르는 동작으로 전환되면서 증기가 냉각된다. 3단계에서는 피스톤이 눌리면서 증기가 압축되지만 온도는 상승하지 않는다. 대신 열에너지가 싱크로 빠져나간다. 4단계에서는 온도가 상승하면서 증기가 본래 상태로 되돌아온다.

사디 카르노

니콜라 레오나르 사디 카르노라는 독특한 이름은 아버지 라자르 카르노가 존경하는 페르시아 시인의 이름을 따서 지은 것이다. 라자르 카르노가 1814년 프랑스 왕정이 복구되면서 추방당한 혁명 지도자였기에, 그의 아들이자 군인이었던 사디 카르노는 본인의 입지가 위태로워지고 있음을 자각하고 있었고, 그리하여 증기기관 연구에 더 많은 시간을 쏟았다. 1832년 콜레라로 사망했다.

1813년 에콜 폴리테크니크 교복을 입은 17세의 사디 카르노. 루이 레오폴드 부아이(1761~1845)가 그린 초상화.

과학 및 산업 혁명 p.21

브라운 운동 Brownian Motion

1827

로버트 브라운: 《식물의 꽃가루 입자를 현미경으로 관찰한 결과에 대한 간략한 설명》 • 영국 런던

로버트 브라운
스코틀랜드 몬트로즈에서 태어나 유년시절을 보낸 로버트 브라운은 에든버러대학교 의과대학을 중퇴하고 군대에 입대했다. 운 좋게도 전투에 거의 참여하지 않았던 브라운은 식물표본수집으로 시간을 보냈는데, 특히 현미경으로 식물을 관찰하는 일에 관심이 많았다. 그는 1800년대에 과학자로서 호주로 향하는 배에 올랐고, 이것이 계기가 되어 전업 식물학자로 활동하게 되었다.

물질이 원자라고 불리는 미세한 입자, 또는 분자라고 불리는 입자의 군집으로 구성되어 있다는 가설은 주로 1820년대에 확립되었고, 그로부터 수십 년 뒤에 미세한 물리 입자의 끊임없는 진동과 움직임을 바탕으로 열과 다양한 형태의 에너지가 이동하거나 물질을 통과하는 방식을 이해하게 되었다. 이러한 이론은 확고히 정립되어 오늘날까지도 논란의 여지가 없지만, 사실 이론의 근거는 모두 추상적이다. 1905년 알베르트 아인슈타인은 스코틀랜드 식물학자가 1827년에 꽃가루를 연구하면서 얻은 시각적 근거에 주목했다. 이 식물학자는 로버트 브라운(1773~1858)으로, 태평양 북서쪽에서 채취한 분홍색 동자꽃의 꽃가루를 현미경으로 관찰하던 중 꽃가루 알갱이가 작은 입자를 방출하는 모습을 포착했다. 지금은 녹말과 기름방울로 알려진 그 작은 입자들이 브라운의 눈앞에서 무작위로 춤을 췄다. 그는 무생물인 석탄가루로 그 효과를 재현했지만, 본인이 보는 현상이 무엇인지는 전혀 깨닫지 못했다. 이 현상을 명백히 규명하는 일은 아인슈타인의 몫이 되었다. '브라운 운동'으로 알려진 입자의 무작위 운동은 눈에 보이는 꽃가루 분자와 눈에 보이지 않는 물 분자 간의 충돌이 원인이었다. 이로써 원자론은 옳다고 확증되었다.

로버트 브라운의 주요 저작

《뉴 홀랜드와 반 디멘에 서식하는 식물 소개》(1810)
〈프로테아과라는 식물의 생태에 관하여〉(1810)
《1805년부터 1810년까지 수집돼 린네 체계에 따라 분류된 새롭고 희소한 식물의 목록》(1814)

새로운 물리학 p.27 우주의 크기 p.28

82세의 로버트 브라운.

원자론 **p.159** 상대성이론 **p.163** 현미경 **p.188** 거품 상자 **p.198**

생기론 Vitalism

1828

프리드리히 뵐러: 《요소의 인공 합성에 관하여》 • 독일 베를린

프리드리히 뵐러의 주요 저작

《화학 교과서》(1825)
《무기화학 개론》(1830)
《유기화학 개론》(1840)

수백 년간 생물학은 생명체와 비생명체를 구별하는 특징이 있다는 가설을 출발점으로 삼았다. 지각할 수는 없으나 생명체로 살아가게 하는 조건인 '생명력'을 생명체가 갖는다고 보았기 때문이다. 이러한 특별한 생명의 조건은 실험실이나 자연계에서 발생하여 관찰되는 평범한 화학 현상을 넘어, 복잡한 '유기' 화학 물질로 구성된 생명체를 탄생시키려면 꼭 필요했다. 이에 대한 근거를 들자면, 생명력이 깃들지 않은 물리·화학적 변화는 생명체를 비가역적으로 '변성'시켜 생명력을 제거하고 생명을 더는 유지할 수 없게 한다.

이러한 고대 이론은 단 한 번의 우연한 발견으로 완전히 무너졌다. 1828년 독일의 화학자 프리드리히 뵐러(1800~1882)는 실험실에서 시안산암모늄을 제조하려고 시도하는 중에 시안산암모늄이 아닌 요소를 합성했다는 것을 깨달았다. 요소는 소변에서 발견되는 비교적 단순하고 잘 알려진 유기물이었다. 생기론에 따르면 요소는 동물의 신장에서만 생성되었다. 따라서 뵐러의 발견은 생명의 화학이 무기화학과 정확히 같은 방식으로 작동한다는 증거였다. 뵐러가 수행한 실험은 탄소 기반 화합물을 연구하는 유기화학의 토대가 되었다. 생명과 관련한 화학 물질을 탐구하는 활동은 훗날 생화학으로 분리되었다.

프리드리히 뵐러

뵐러는 수의사의 아들로 태어났지만 1823년 의과대학을 졸업하고 의사의 길을 택했다. 이후 그는 빠르게 진로를 바꾸어 전업 화학자가 되었고, 훗날 뵐러가 생기론을 부정하는 과정에 힘을 보탠 스웨덴의 저명한 화학자 옌스 야코브 베르셀리우스(1779~1848)와 함께 일하기 시작했다. 만년에 뵐러는 금속인 베릴륨과 이트륨을 최초로 정제했다.

세포설 p.25

1896년 콘라드 폰 카르도르프(1877~1945)가 그린 프리드리히 뵐러의 초상화.

생물학의 중심 원리 **p.172** 방사성 탄소 연대 측정법 **p.197**

도플러 효과 Doppler Effect

크리스티안 도플러: 〈쌍성과 일부 천체의 유색광에 관하여〉 • 체코 프라하

크리스티안 도플러의 주요 저작

〈쌍성과 일부 천체의 유색광에 관하여〉(1842)

1842년 오스트리아의 물리학자 크리스티안 도플러(1803~1853)는 빛이나 소리와 같은 파동에 의문을 품었다. 파장이란 파동의 가장 높은 지점인 마루에서 인접한 다음 마루까지의 거리이다. 파장은 파동의 주파수와 관련이 있는데, 주파수는 1초당 얼마나 많은 파장이 완성되는지를 측정하는 단위이다. 파장이 짧으면 고주파가 발생한다. 귀는 음파의 주파수를 음의 높낮이로 인식하는데, 주파수가 높을수록 높은 음으로 들린다. 빛도 주파수에 따라 다르게 인식된다. 고주파 빛은 파란색, 저주파 빛은 빨간색, 그 중간 주파수에 해당하는 빛은 노란색과 녹색으로 보인다. 도플러는 파장의 발생원이 관측자를 기준으로 이동하면 주파수에 어떠한 변화가 일어나는지 궁금했다. 그래서 물결을 가르며 항해하는 배를 상상했다. 이동하는 배는 멈췄을 때보다 마치 물결의 파장이 짧아진 듯이 물결의 마루에 더욱 자주 부딪힐 것이다. 도플러는 별빛에서도 같은 현상이 발생하므로, 별이 관찰자와 가까워질수록 빛의 파장이 짧아져 별빛 스펙트럼은 파란색 쪽으로 치우치게 된다고 주장했다. 반면, 별이 멀어질수록 적색으로 치우치는 '적색 편이'가 발생한다. 이 같은 도플러 효과는 질주하는 구급차의 사이렌 소리에서 더욱 뚜렷하게 드러난다. 소리는 관측자에게 가까워질수록 파장이 짧아져 높은음으로 들리다가, 관측자를 지나쳐 멀어질수록 파장이 길어져 낮은음으로 들린다.

크리스티안 도플러

잘츠부르크 출신의 도플러는 대학에서 철학과 수학을 공부하기 위해 빈으로 이주했고, 그곳에서 26세의 나이로 조교수가 되었다. 1835년에 프라하로 자리를 옮긴 그는 자신의 이름을 널리 알린 저서를 발표하고, 수학 및 물리학과 관련된 광범위한 문제를 탐구했다. 1848년 빈으로 돌아와 물리연구소 소장으로 일했으나, 얼마 지나지 않아 폐병으로 목숨을 잃었다.

우주의 크기 p.28

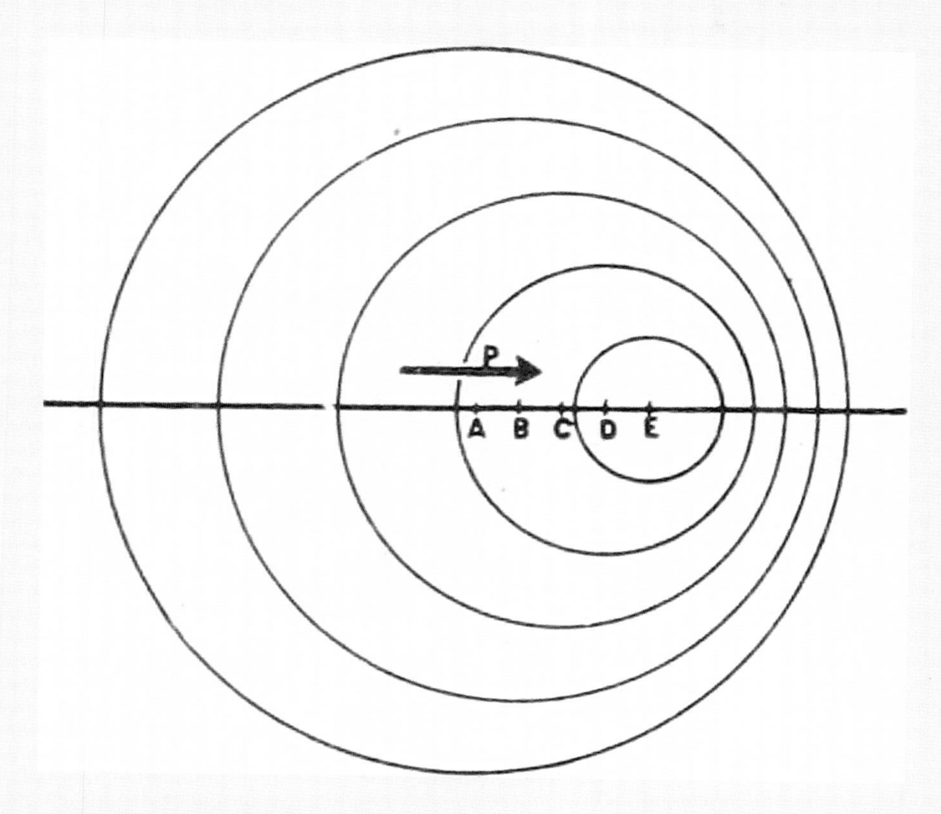

소리의 발생점이 P 방향으로 움직이면서 소리를 듣는 사람에게 가까워졌다가 지나쳐 멀어질수록, 들리는 소리가 어떻게 변화하는지를 나타낸 도표.

빅뱅 p.169 망원경 p.189

열의 일당량

Mechanical Equivalent of Heat

제임스 프레스콧 줄: 《열의 일당량》 • 영국 샐포드

럼퍼드 백작 벤저민 톰슨
줄이 열의 일당량 실험을 수행하기 이전인 1798년 톰슨(1753~1814)도 같은 현상을 실험으로 확인했다. 독립전쟁에서 왕당파를 지지한 톰슨은 앙투안 라부아지에가 사망한 뒤 라부아지에의 부인이었던 마리안 피에레테 폴즈와 결혼하고 런던에 왕립연구소를 설립했다. 바이에른에서 공병으로 복무하는 동안, 톰슨은 물통에 담근 상태로 대포의 무뎌진 포신을 깎다 보면 2시간 반 뒤에 물이 끓기 시작한다는 것을 밝혀냈다. 그러나 톰슨이 도출한 결론은 제임스 줄과 비교하면 실험적 증거가 부족했던 탓에 과학계에서 받아들여지지 않았다.

1840년대에 들어서면서, 에너지는 다른 형태로 바뀔 수 있지만 생성되거나 소멸되지 않는다는 열역학 제1법칙이 확고히 자리를 잡았다. 전기 모터와 발전기는 전기 에너지가 운동 에너지로 전환될 수 있으며, 그 반대도 가능함을 보여주었다. 독일 과학자 율리우스 폰 마이어(1814~1878)는 거친 바다가 잔잔한 바다보다 따뜻하다고 언급하며 열과 운동 사이의 연관성을 언급했다. 1843년 영국 양조업자 제임스 프레스콧 줄(1818~1889)은 맥주 제조에 쓰이는 전기 발열 장치의 효율을 연구하던 중 에너지와 열의 상관관계에 호기심이 생겼다. 그리하여 0.45킬로그램(1파운드)짜리 무게추가 아래로 내려가면서 물탱크 안에 설치된 교반기를 돌리는 도르래 장치를 만들고, 열의 일당량을 측정했다. 줄은 물 1파운드의 온도를 섭씨 1도 올리려면 무게추가 얼마나 낙하해야 하는지 알고 싶었다. 몇 시간에 걸쳐 실험한 끝에 물 1파운드의 온도를 섭씨 1도 올리려면 무게추가 255미터 낙하해야 한다는 답을 얻었다. 이 결과는 무게추와 교반기에서 발생하는 작은 운동 에너지가 열에너지로 전환된다는 것을 증명했다. 줄은 신혼여행 중에 스위스 폭포에서 떨어지기 전후의 물 온도를 비교해 에너지 전환 효과를 측정하려고 했지만 폭포수를 맞아 쫄딱 젖기만 했다고 한다. 훗날 그를 포함한 몇몇 학자들은 열에너지가 실제로는 물질을 구성하는 원자와 분자의 운동이라고 설명했다.

과학 및 산업 혁명 p.21

제임스 프레스콧 줄의 주요 저작

〈전기가 흐르는 금속 도체와 전기 분해가 일어나는 배터리 셀에 발생하는 열에 관하여〉(1841)
〈공기의 희박화와 응축에 의한 온도 변화에 관하여〉(1844)

줄이 열의 일당량을 연구하는 장면을 묘사한 19세기
채색 목판화.

→ 열역학 법칙 **p.160** 과학적 절차 **p.182** 온도계 **p.187**

빛의 속력 Speed of Light

이폴리트 피조: 〈공기와 물속에서의 빛의 상대속도에 관한 연구〉 • 프랑스 파리

빛의 속력은 너무 빨라서 시계로 측정하기 버겁다는 것은 간단한 조사만으로도 알 수 있는 사실이다. 어떤 이들은 빛의 속력이 무한히 빠르므로 태양이 순식간에 온 우주로 빛을 보낸다고 주장하기도 했다. 그런데 1676년 덴마크의 천문학자 올레 뢰머(1644~1710)는 외계에서 오는 빛이 지구의 지역에 따라 제각기 다른 시각에 보이므로 빛은 유한한 속력으로 이동한다고 설명했다.

빛의 속력을 정확하게 측정하는 장치는 1849년 프랑스의 이폴리트 피조 (1819~1896)가 최초로 개발했고, 레옹 푸코(1819~1868)가 이를 개선했다. 이 장치는 망원 렌즈를 이용해 빛을 모아 8킬로미터 떨어져 설치된 두 번째 망원경으로 보냈고, 그 빛은 두 번째 망원경에서 반사되어 순식간에 16킬로미터를 왕복했다. 왕복을 시작하는 지점에서 빛은 회전하는 톱니바퀴의 톱니에 막혔다가 톱니 사이의 틈새로 빠져나왔다. 따라서 규칙적으로 빛이 깜빡였다. 여기서 과학자가 톱니바퀴의 회전 속도를 조절하면 반사되어 돌아오는 빛은 출발한 톱니 틈새가 아닌 그다음 톱니 틈새로 돌아왔다. 이러한 실험 결과를 토대로 피조는 빛의 속력이 초당 315,000킬로미터라고 추정했는데, 이는 실제 속력보다 조금 더 빠르게 계산된 값이었다. 푸코는 1862년에 피조의 실험을 개선하여 초당 298,000킬로미터라는 결과를 얻었는데, 이 값은 현대에 계산된 빛의 속력인 초당 299,792킬로미터와 비교하면 오차율이 0.6%에 불과하다.

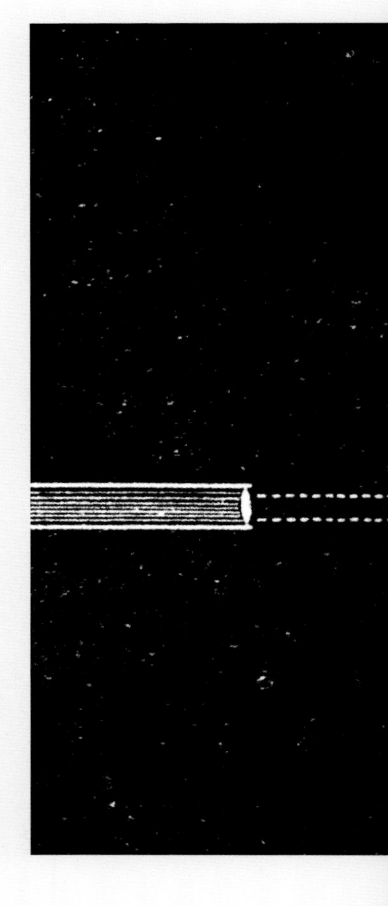

올레 뢰머

뢰머는 1676년 파리 천문대에서 일하는 동안 목성의 위성인 이오의 궤도를 추적했는데, 이오가 목성 뒤로 숨어 사라졌다가 다시 나타나는 규칙적 주기는 지구상의 관측자와 목성 간의 거리에 따라 변화했다. 이오가 목성에 가려지는 시간은 지구가 목성에 가까울수록 짧고, 지구와 목성이 멀수록 길다. 이러한 관측 결과를 근거 삼아 뢰머는 빛의 속력을 초당 212,000킬로미터로 계산했다.

화학의 태동 p.20

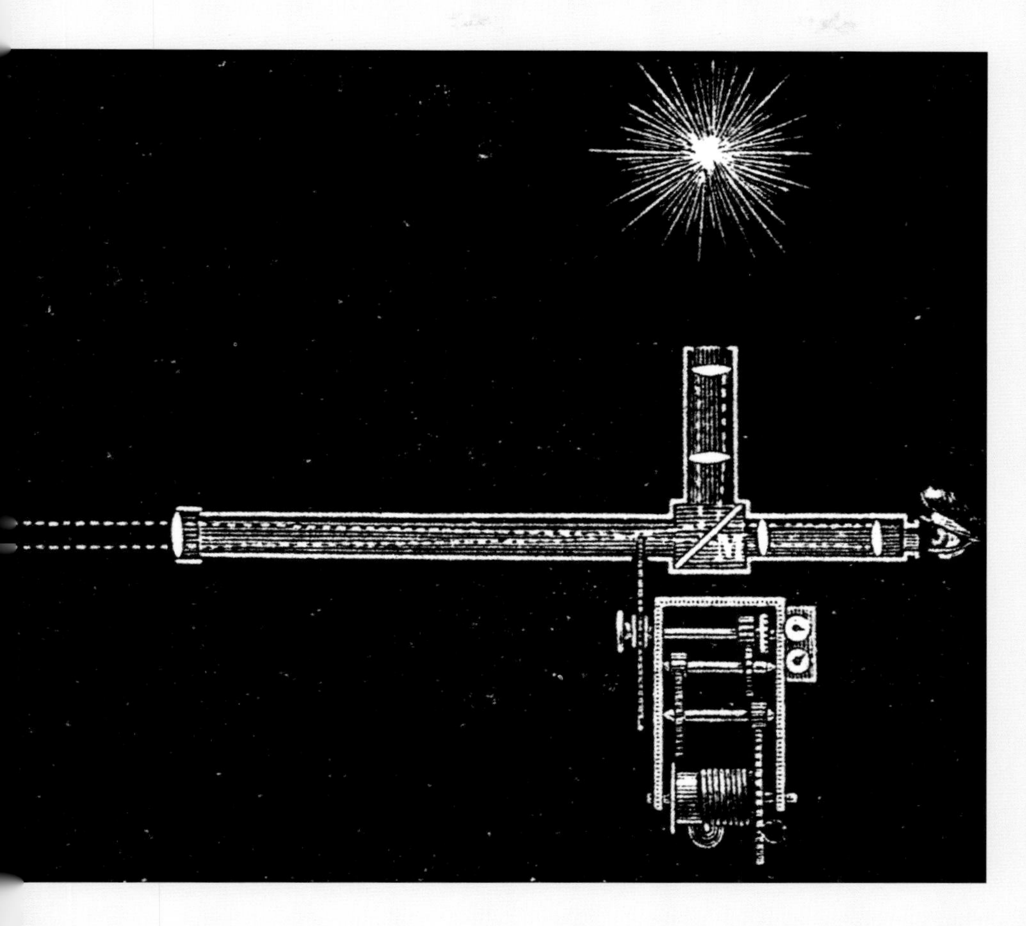

이폴리트 피조의 광속 측정 장치를 묘사한 판화.

상대성 이론 **p.163** 시간 측정 **p.186** 입자 가속기 **p.199**

지구의 자전 Rotation of Earth

레옹 푸코: 《과학적 성과 모음집》 • 프랑스 파리

레옹 푸코의 주요 저작

《레옹 푸코의 과학적 성과 모음집》(1878)

1543년 임종 직전 니콜라우스 코페르니쿠스는 당시 믿기지 않을 만큼 이단적인 주장을 펼쳤는데, 바로 지구가 태양 주위를 공전하고, 태양이 하늘을 통과하는 겉보기운동이 관찰되는 원인이 지구가 하루에 한 번 자전하기 때문이라는 것이다. 이 주장이 천문학을 비롯한 과학계에 받아들여지기까지는 대략 백 년이 걸렸고, 타 분야의 권위자에게는 수백 년이 걸렸는데, 1851년 레옹 푸코가 파리의 판테온에 길이 67미터에 달하는 진자를 세우기 전까지 지구의 자전을 뒷받침하는 직접 증거가 없었기 때문이다. 갈릴레오가 오래전에 설명했듯이 진자는 늘 같은 평면에서 좌우로 움직인다. 푸코가 거대한 진자를 움직였을 때도 갈릴레오의 설명대로 운동하는 것처럼 보였다. 푸코는 진자 밑에 고운 모래를 깔고 진자에서 뻗어 나온 바늘의 끝이 모래에 닿도록 했다. 시간이 흐를수록 진자가 모래에 남긴 자국은 시계방향으로 회전하기는 했지만, 갈릴레오가 주장한 진자의 법칙은 틀리지 않았으며 진자의 운동 방향도 변화하지 않았다. 대신에 진자 밑의 지구가 회전하고 있었다.

레옹 푸코

어릴 적 주로 파리의 자택에서 교육을 받았던 푸코는 의과대학에 진학할 운명처럼 보였지만, 혈액 공포증 때문에 물리학으로 진로를 바꾸었다. 빛에 관심이 많던 그는 빛의 세기를 측정하는 방법과 눈에 보이지 않는 적외선의 성질을 탐구했다. 지구 자전을 확인하는 실험은 본래 1600년대에 고안되었지만, 오늘날 널리 알려진 자전 실험장치는 푸코의 진자이다.

고대 천문학자 **p.12** ←

푸코의 진자는 지금도 파리의 판테온에 전시되어 있다.

운동 법칙 p.157

분광학 Spectroscopy

1859

구스타프 키르히호프: 〈방출 및 흡수에 관한 논문〉 • 독일 하이델베르크

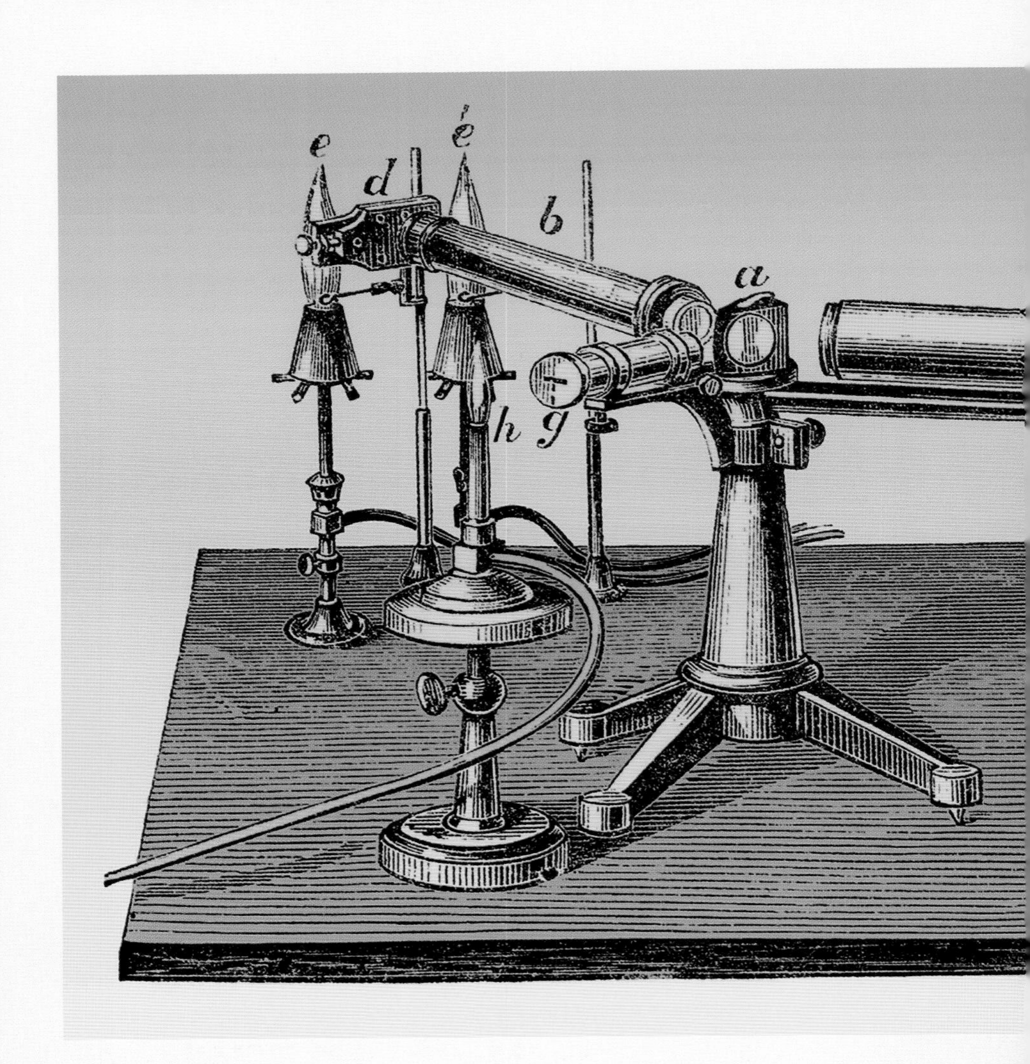

분젠-키르히호프 분광기, 1869년.

우주의 크기 **p.28**

구스타프 키르히호프의 주요 저작

《수리물리학 강의》(1876~1894)
《논문 모음집》(1882)

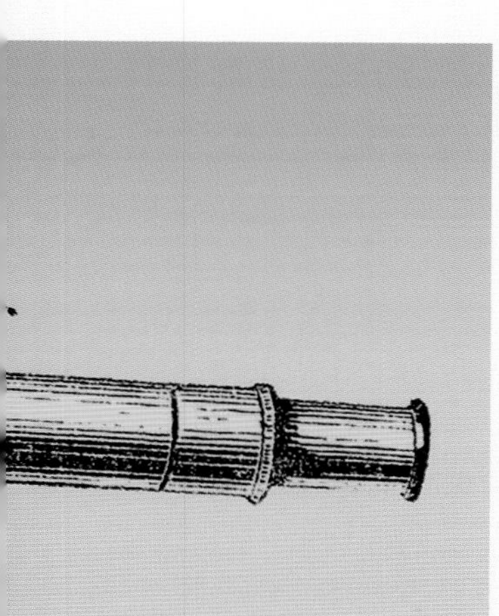

일부 원소, 주로 금속 원소는 불을 붙이면 드러나는 불꽃색으로 그 원소의 존재를 확인할 수 있다.

이러한 불꽃 테스트는 이전에 연금술사가 활용했으나, 1859년 두 명의 독일 과학자 로베르트 분젠(1811~1899)과 구스타프 키르히호프(1824~1887)가 원소를 식별하는 강력한 도구로 발전시켰다. 분젠은 연소 도중 화학 반응을 방해하지 않도록 깨끗한 불꽃을 일으키는 실험용 가스버너를 개발해 널리 이름을 알렸다. 이후 키르히호프는 분광기(프리즘을 써서 불꽃이 내는 빛을 구성 색으로 분리하는 장치)로 실험하여 분광학의 세 가지 법칙을 세웠다. 1) 뜨거운 물체는 태양과 마찬가지로 연속 스펙트럼을 생성한다. 2) 불꽃의 내부와 같은 뜨거운 기체는 특정한 색을 띠는 선 스펙트럼을 방출하고, 모든 원소는 고유한 방출 스펙트럼을 지닌다. 3) 차가운 기체가 연속 스펙트럼에서 색을 흡수하면 독특한 흡수 스펙트럼이 생성되는데, 이때 흡수 스펙트럼은 어두운 띠로 나타난다.

분젠과 키르히호프는 알려진 모든 원소의 스펙트럼을 기록으로 남기고, 금속 원소인 루비듐과 세슘을 최초로 발견했다. 현대 천문학자는 스펙트럼을 측정해 항성, 성운을 비롯한 먼 우주의 천체를 구성하는 물질을 식별한다.

요제프 폰 프라운호퍼

별의 흡수 스펙트럼에서 발견되는 어두운 선은 프라운호퍼선으로 불리는데, 이 명칭은 색을 왜곡하지 않는 렌즈의 제조법을 개발한 독일 출신 광학자 프라운호퍼(1787~1826)의 이름에서 가져왔다. 가난한 가정에서 태어나 열한 살에 고아가 된 프라운호퍼는 1801년 유리 제조업자 밑에서 견습공으로 일하던 중 작업장이 무너져 하마터면 사망할 뻔했다. 이 사건을 계기로 당시 구조 작업을 감독한 바이에른의 왕자 막시밀리안 요제프가 프라운호퍼를 돌보았다. 프라운호퍼는 1814년 분광기를 발명했다.

양자 물리학 p.167 빅뱅 p.169 망원경 p.189 질량 분석법 p.202

세균 이론 Germ Theory

1861

루이 파스퇴르: 《조직화된 미생물, 그리고 발효·부패·전염에서 미생물의 역할》
• 프랑스 파리

1861년 프랑스인 루이 파스퇴르(1822~1895)는 널리 알려진 실험을 수행하여 공기 중의 미생물이 질병과 부패를 일으킨다는 것을 입증했다. 파스퇴르의 세균 이론은 당대의 지배적인 견해, 즉 세균은 부패를 일으키는 원인이 아니며 부패한 물질에서 자발적으로 발생한다는 주장과 정면으로 배치한다. 파스퇴르는 1850년대에 와인이 부패하는 이유를 규명하는 임무를 맡았고, 와인을 부패시킨 범인이 화학적 변질을 유발하는 미세한 효모라는 사실을 밝혔다.

파스퇴르는 밀폐되지 않는 용기에 담긴 육수에서 세균이 자란다는 것을 알았다. 그러나 밀폐용기에 육수를 넣고 한 시간 끓이면 그 안에서는 세균이 번식하지 않으며, 또한 공기 중의 먼지에서 세균이 발견된다는 사실도 알았다. 이러한 지식을 바탕으로 파스퇴르는 여러 개의 밀폐 플라스크에 육수를 넣고 끓여서 기존 세균을 모조리 죽였다. 육수 살균을 마친 다음에는 몇몇 밀폐 플라스크의 목을 부러뜨렸다. 그러자 그대로 둔 플라스크의 육수에는 세균이 생기지 않았고, 목을 부러뜨린 플라스크의 육수에는 세균이 발생했다.

파스퇴르의 세균 이론은 1870년대에 특정 세균이 특정 질병의 원인이라는 사실이 밝혀지면서, 더욱 강한 지지를 얻었다.

루이 파스퇴르
의학박사가 아니라 화학자였다. 세균 이론이라는 놀라운 성과를 남기기 전에 이미 분자의 손 대칭성을 발견해 역사책에 이름을 남겼다. 분자의 손 대칭성이란 복잡한 구조의 분자가 서로 거울에 비친 두 가지 형태로 존재한다는 개념이다. 파스퇴르는 말년에 탄저균이나 광견병 등의 질병을 예방하는 백신을 개발하고, 세균을 제거하는 동시에 우유의 풍미를 떨어뜨리지 않는 순간가열처리법인 파스퇴르 살균법을 창안하는 데 전념했다.

루이 파스퇴르의 주요 저작

《와인 연구》(1866)
《광견병 치료》(1886)

세포설 p.25 공중보건 p.26 과학과 공익 p.29

핀란드 화가 알베르트 에델펠트(1854~1905)가 1885년에 그린 루이 파스퇴르. 파스퇴르의 세균 실험에서 결정적인 역할을 한 백조목 플라스크에 주목할 것.

현미경 p.188 임상 시험 p.208

유전자의 존재 Existence of Genes

그레고어 멘델: 《식물의 잡종에 관한 실험》 • 체코 브르노

그레고어 멘델의 주요 저작

《식물의 잡종에 관한 실험》(1866)

지난 수천 년간 가축을 키우고 식물을 재배한 사람들은 자손이 부모로부터 특징을 물려받는다는 지식을 토대로, 조상의 가장 바람직한 특징을 지닌 동식물을 번식시키거나 품종을 개발했다.

그러나 유전은 두 부모가 지닌 특성의 단순한 혼합이 아니다. 1859년 다윈이 발표한 자연 선택에 의한 진화론의 중심 개념이 유전이긴 했으나, 다윈의 지지자를 비롯한 그 누구도 유전이 어떻게 작용하는지 명확하게 이해하지 못했다. 하지만 오스트리아의 수도사 그레고어 멘델(1822~1884)은 완두콩의 다양한 특징이 대물림되는 방식을 이미 철두철미하게 연구하고 있었고, 7년간 실험을 수행하면서 어느 식물이 어떠한 식물로 번식하는지를 꼼꼼하게 조사했다. 1865년에 그 결과를 발표했는데, 모든 식물(더 나아가 유성 생식하는 모든 유기체)은 각 유전자의 복사본을 두 개씩 지니고 있으나 그중 하나의 복사본만 자손에게 전달되며, 각 유전자의 전달은 다른 유전자와 무관하게 발생한다는 내용이었다. 멘델은 우열의 법칙도 설명했는데, 이에 따르면 식물의 키와 같은 특정 유전 형질은 늘 우성 형질만 발현한다. 따라서 유기체가 두 개의 열성 유전자를 물려받지 않는 한, 작은 키와 같은 열성 형질은 발현하지 않는다.

그레고어 멘델

현재는 체코에 해당하는 지역에서 태어난 멘델은 가족 모두가 배불리 먹을 수 있을 만큼 농작물을 재배하고자 고군분투하는 불안한 유년시절을 보냈다. 수도사가 되어 경제적 불안에서 해방되고서야 비로소 본인의 관심사에 몰두할 수 있었다. 멘델의 유전 연구는 초기에 꿀벌의 번식을 중심으로 진행되었으나 반드시 살처분해야 할 정도로 공격성이 강한 꿀벌 종이 탄생하는 까닭에, 완두콩으로 눈길을 돌렸다. 안타깝게도 멘델이 남긴 획기적인 업적은 20세기 초까지 주목받지 못했다.

세포설 p.25 유전학 p.31

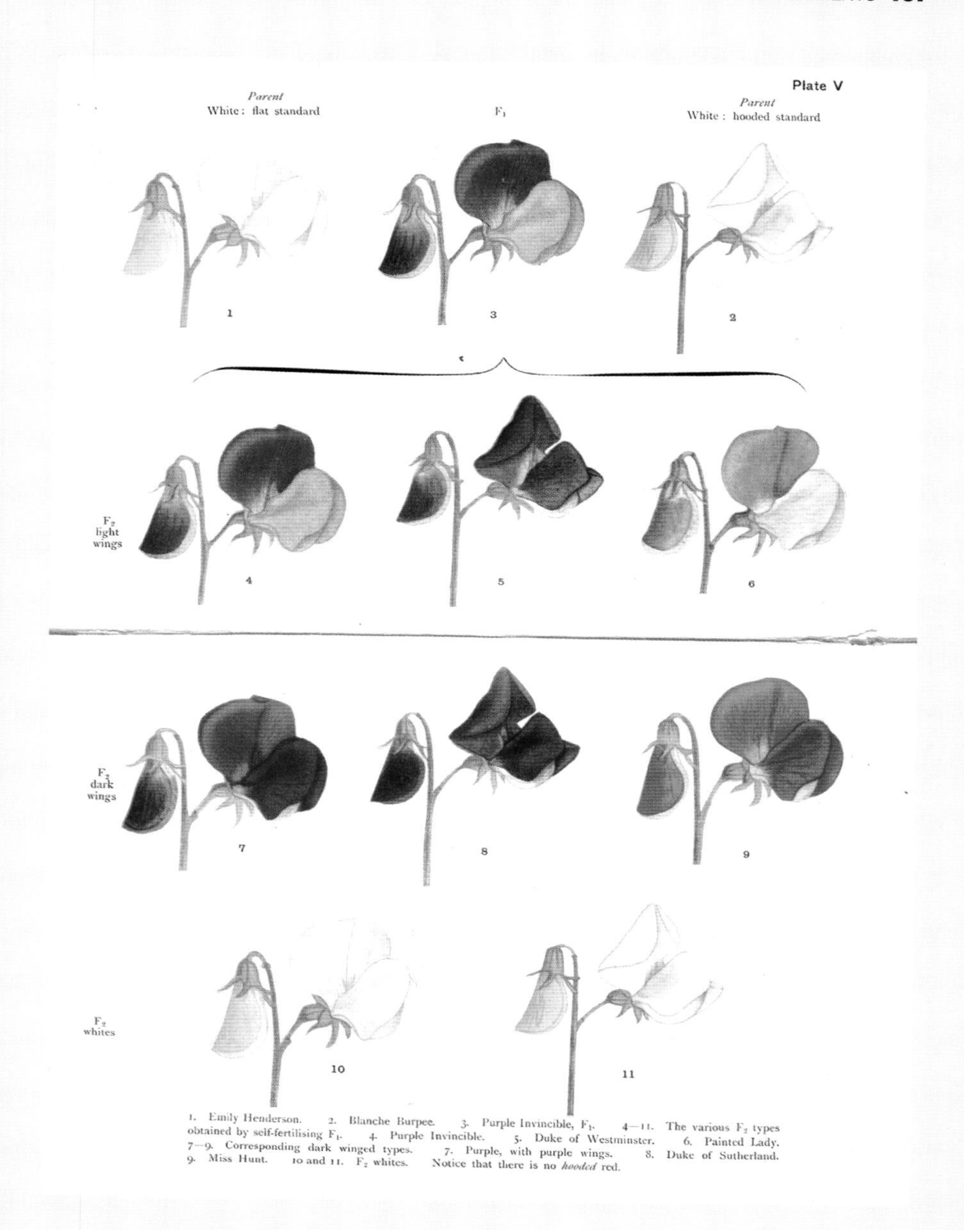

스위트피(학명 *Lathyrus odoratus*)의 각 세대에서 드러나는 다양성. 윌리엄 베이트슨의 저서 《멘델의 유전 법칙》에 수록된 전면 삽화.

판스페르미아설 **p.156** 자연 선택에 의한 진화 **p.161** DNA 프로파일링 **p.205**
크리스퍼 유전자 편집 도구 **p.206**

에테르 존재의 부정

1887

The Nonexistence of Ether

앨버트 마이컬슨&에드워드 몰리: 〈지구와 발광 에테르의 상대적 움직임에 관하여〉 • 미국 오하이오 주 클리블랜드

앨버트 마이컬슨의 주요 저작

〈지구의 강성〉(1919)
〈지구와 조수의 범위 및 위상 변화〉(1930)

에드워드 몰리의 주요 저작

〈수소와 산소의 밀도 및 원자량 비율에 관하여〉(1895)

앨버트 마이컬슨

폴란드계 미국인 앨버트 마이컬슨은 메릴랜드 주 아나폴리스에 설립된 미국 해군사관학교에서 강의하면서 에드워드 몰리와 함께 실험했다. 1907년에 노벨 물리학상을 받으며 최초의 미국인 노벨상 수상자가 되었다.

제임스 클러크 맥스웰(1831~1879)은 1860년대에 빛이 전자기장에서 진동하는 파동이라고 주장하면서 소리나 물결처럼 빛의 파동도 물질적 매질이 필요하다고 가정했다. 하지만 맥스웰의 주장은 다른 파동과는 다르게 빛이 진공을 통과한다는 것이 밝혀지면서 복잡해졌다. 물리학자들은 그러한 빛의 특성이 온 우주에 알려지지 않은 기묘한 물질이 스며들어 있음을 의미한다고 이야기하며 그 물질에 과거 아리스토텔레스가 우주를 설명한 내용에서 유래한 '발광 에테르'라는 이름을 붙였다. 발광 에테르를 탐지하기 위하여, 앨버트 마이컬슨(1852~1931)과 에드워드 몰리(1838~1923)는 '에테르 바람'을 측정하는 실험을 설계했다. 두 사람은 에테르가 우주를 공전하는 지구에 끌려가므로 서로 다른 방향으로 이동하는 빛은 끌림 현상이 일어난 에테르 내에서의 상대적 위치에 따라 속도가 미세하게 달라야 한다는 가설을 세웠다. 이를 증명하기 위해 빛을 둘로 쪼갠 다음 제각기 다른 각도로 반사시켰다가 다시 합쳤다. 빛이 둘로 쪼개지고 나서 서로 속력이 달라졌다면 다시 합쳐진 뒤에 빛은 깜빡거릴 것이다. 하지만 실험에서는 기대한 결과가 도출되지 않았다. 빛의 속력은 완벽히 일정하게 유지되었고, 이 결과는 1905년 아인슈타인이 에테르의 존재를 반증하는 과정에 쓰였다.

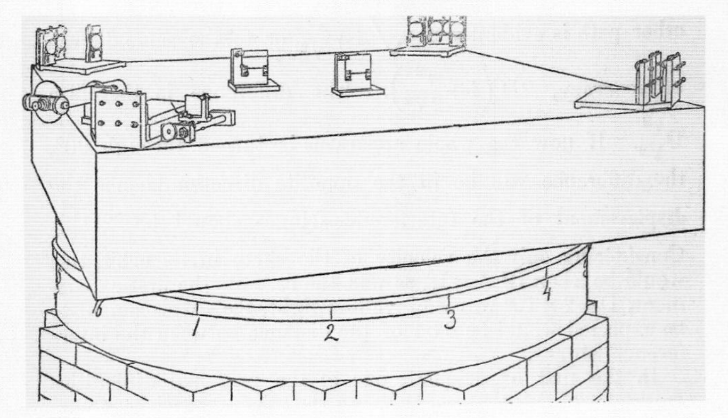

간섭계와 거울 4개를 돌에 부착하여 수은에 띄운 장치를 나타낸 그림. 이 장치에 전자기파를 통과시킴으로써, 아인슈타인은 그러한 형태의 에너지가 이동하는 데에는 매질이 필요하지 않으며, 따라서 발광 에테르가 존재하지 않음을 입증했다.

새로운 물리학 p.27 우주의 크기 p.28

염색체의 기능

The Function of Chromosomes

테오도어 보베리: 《세포핵 내 염색성 물질의 구조에 관한 연구 결과》
• 독일 뮌헨

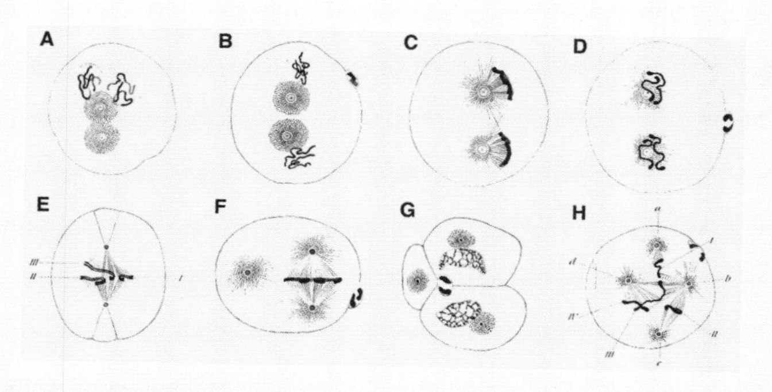

인간의 장에 기생하는 회충의 비정상적 분열을 설명하는 보베리의 그림.

테오도어 보베리의 주요 저작

《세포핵 내 염색성 물질의 구조에 관한 연구 결과》(1904)

테오도어 보베리

뮌헨에서 의사 자격을 취득하고 뮌헨 동물학연구소에서 세포 생물학을 연구했다. 염색체를 탐구했을 뿐만 아니라, 체세포가 정자와 난자 같은 생식 세포로 분열하는 과정인 감수 분열을 최초로 설명했다. 암세포 또한 최초로 기술했다.

오늘날처럼 유전을 이해할 수 있게 되기까지는 두 가지 연구가 밑거름이 되었다. 첫 번째 연구는 그레고어 멘델로부터 시작되었는데, 그는 유전적 형질이 한 세대에서 다음 세대로 어떻게 대물림되는지를 연구했다. 두 번째는 세포의 분열 과정에 관한 연구로, 세포 분열은 모든 생식 현상의 기초라는 것이다. 독일 생물학자 발터 플레밍(1843~1905)은 현미경의 능력을 개선하여 세포 분열의 준비 단계에서 세포핵 내부에 나타나는 실 모양 물질을 관찰했다. 이 물질은 염색체라고 명명되었다. 플레밍은 세포 분열이 일어날 때 염색체가 둘로 나뉘어 각각 하나씩 새로운 세포로 이동한다고 직감했다. 1890년대 말 테오도어 보베리(1862~1915)는 회충의 배아 세포에서 이동하는 염색체를 추적할 수 있었다. 보베리는 회충의 난자와 정자 세포에 염색체가 두 개씩 들어 있으며, 난자와 정자가 수정되면 4개의 염색체로 결합한다는 것을 발견했다. 성게를 대상으로 진행한 실험에서는 염색체가 없으면 배아가 전혀 발달하지 않는다는 것도 밝혔다. 이는 부모에서 자손으로 전달되는 정보가 염색체에 들어 있다는 첫 번째 증거였다.

유전학 p.31 유전자 변형 p.38

전자기파의 발견

Discovery of Electromagnetic Waves

하인리히 헤르츠: 《전파: 공간을 통해 유한한 속도로 퍼지는 전기 작용에 관한 연구》 • 독일 카를스루에

하인리히 헤르츠의 주요 저작

《전기력의 전달에 대한 연구》(1892)

1860년대 제임스 클러크 맥스웰은 전류를 흐르게 하는 힘과 자기력을 연결한 개념인 전자기장을 수학적으로 기술했다. 또 연구를 통해 빛이 전자기장에서 진동하는 파동이며, 오늘날 전자기복사라고 불리는 형태라는 사실을 밝혀냈다. 빛은 이미 알려진 현상이었으나, 진동하는 파동처럼 움직인다는 사실은 근래에 증명되었다. 맥스웰은 열복사·적외선·자외선 등 이미 발견된 비가시광선 이외에, 그들보다 에너지가 훨씬 높거나 낮은 다른 파동이 존재하리라 예측했다.

1893년 하인리히 헤르츠(1857~894)는 전파의 존재를 최초로 입증했다. 그는 실험 장치를 제작했는데, 두 개의 놋쇠 공 사이에 형성된 틈새로 강력한 불꽃을 보내 파동을 일으켰다. 그리고 창문을 검게 칠해 방 내부를 칠흑같이 어둡게 만들고 '전파'가 방을 가로질러 퍼져나간다면 발생할 희미한 불꽃을 수주에 걸쳐 탐지했다. 맥스웰이 예측한 대로, 헤르츠의 실험에서 전파는 빛의 속력으로 이동했다. 헤르츠는 그러한 발견을 기반으로 체계적인 이론을 구축하기 전에 세상을 떠났지만, 또 다른 물리학자인 굴리엘모 마르코니(1874~1937)가 얼마 지나지 않아 파동을 이용한 무선 통신 기술을 발명했다.

새로운 물리학 p.27

하인리히 헤르츠

누구보다도 이름이 널리 알려진 물리학자로, 그가 발견한 전파 특성을 설명할 때 자주 언급되는 주파수 단위 헤르츠(Hz)가 그의 이름을 따서 명명되었다. 사실 헤르츠의 경력은 길지 않다. 그는 희소 혈액 질환으로 36세에 사망했지만, 어린 나이에도 탁월한 재능을 뚜렷이 드러내며 본대학교의 물리학 교수로 임용되었다.

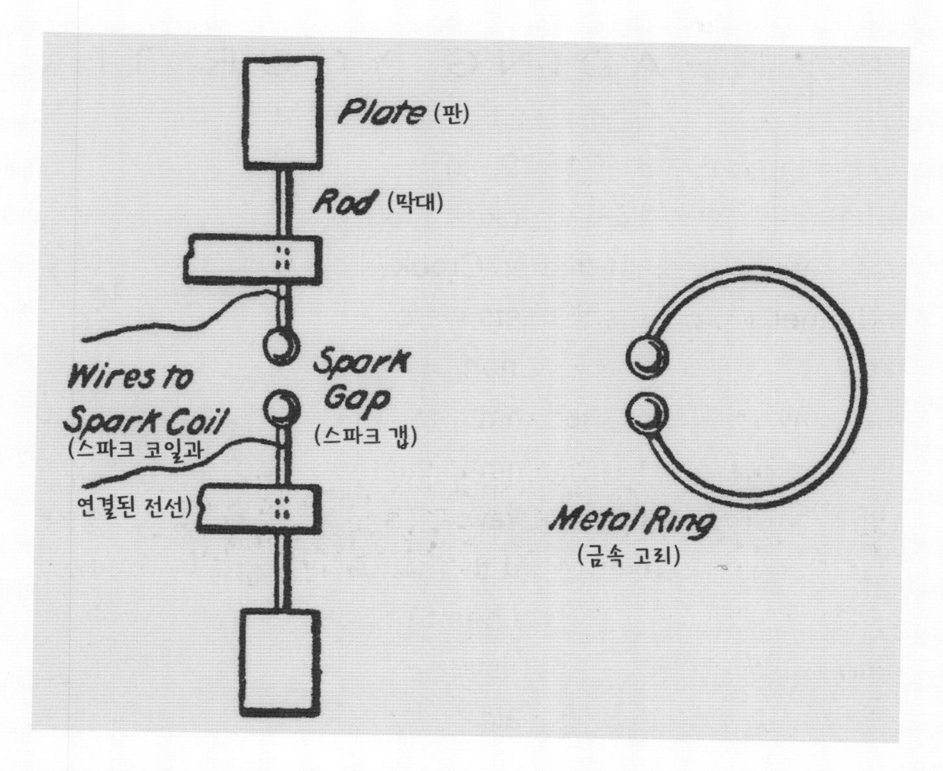

1887년 헤르츠가 고안한 전파 발생 및 탐지를 위한 장치. 왼쪽은 다이폴 안테나로 이루어진 스파크 송신기로, 룸코르프 코일에서 발생한 고전압 전기가 스파크 갭에 공급된다. 오른쪽은 루프 안테나로 이루어진 수신기이다.

→ 네 가지 기본 힘 **p.165** 엑스선 촬영 **p.194**

방사능의 발견

Discovery of Radioactivity

1896

앙리 베크렐: 〈금속 우라늄이 방출하는 새로운 방사선〉 • 프랑스 파리

앙리 베크렐의 주요 저작

〈물질의 새로운 성질, 방사능에 관하여〉(1903)

프랑스 물리학자 앙리 베크렐(1852~1908)은 신비로운 빛을 내뿜는 인광성 광물에 관심이 있었다. 1895년 엑스선이 발견된 후 베크렐은 그러한 인광성 광물이 엑스선과 유사한 비가시광선을 방출하는지 궁금해졌고, 그래서 엑스선을 확인하는 실험을 가능한 한 많이 모방했다. 가시광선이 투과하지 못하는 물질을 엑스선은 투과하므로, 베크렐은 우선 사진건판을 검은 종이로 덮었다. 검은색 종이 위에는 인광성 광물 샘플과 인광성 화합물 샘플을 올려두었다. 만약 샘플이 엑스선을 방출한다면 검은 종이에 싸인 사진건판은 감광될 것이다. 실험에 몰두한 끝에 베크렐은 1896년에 우라늄 산화물인 우라닐에서 첫 번째 결과를 얻었다. 이후에는 다른 형태의 우라늄 화합물, 심지어 어둠 속에서 빛을 내지 않는 우라늄 화합물에도 주목했다. 이러한 일련의 실험으로, 방출되는 빛은 인광이 아닌 우라늄과 밀접하게 관련되어 있다는 것이 밝혀졌다(오늘날 인광과 형광은 원자에 빛이 흡수되었다가 다시 방출되는 현상으로 이해된다). 전 세계 물리학자가 '베크렐선'을 연구하기 시작했고, 얼마 지나지 않아 토륨도 그러한 빛을 방출한다는 사실이 드러났다. 마리 퀴리(1867~1934)도 유사하게 빛을 방출하는 성질을 지녔으나 아직 발견되지 않은 원소들을 찾기 시작했다. 퀴리는 또한 방사선을 방출하는 능력, 즉 방사능이라고 알려진 현상을 설명했다.

앙리 베크렐

베크렐 가문은 18세기 프랑스의 과학 명문가였다. 앙리의 할아버지는 초기 형태의 배터리를 발명했고, 앙리의 아버지는 물질의 표면에 빛을 쬐면 전기가 발생하는 현상인 광기전력 효과(photovoltaic effect)를 발견했으며, 앙리의 아들은 결정의 자기적·광학적 특성 간의 상관관계를 발견했다. 앙리의 할아버지부터 아들까지, 네 사람은 모두 파리 국립자연사박물관에서 물리학 교수로 일했다. 베크렐이라는 방사능 측정 단위는 앙리 베크렐의 이름에서 유래한 것이다. 앙리 베크렐은 1903년 마리 퀴리, 피에르 퀴리(1859~1906)와 함께 노벨상을 받았다.

새로운 물리학 **p.27** 과학과 공익 **p.29**

1925년의 마리 퀴리와 딸 이렌 졸리오퀴리. 마리 퀴리는 1903년 노벨상을 받은 최초의 여성이 되었고, 1911년 다른 분야에서 두 번째 노벨상을 수상한 최초의 인물이 되었다(첫 번째는 물리학상, 두 번째는 화학상). 딸 이렌은 1935년 남편 프레데리크 졸리오퀴리와 함께 노벨 화학상을 받았다.

네 가지 기본 힘 **p.165** 엑스선 촬영 **p.194** 가이거-뮐러 계수관 **p.191**
방사성 탄소 연대 측정법 **p.197** 슈뢰딩거의 고양이와 그 외 사고 실험 **p.210**

전자의 발견

Discovery of the Electron

1897

J. J. 톰슨: 《저압 기체 내 이온의 질량에 관하여》 • 영국 케임브리지

J. J. 톰슨의 주요 저작

《전기와 물질》(1903)
《제임스 클러크 맥스웰》(1931)

19세기 말 오늘날 음극선관이라 불리는 장치의 중요성이 확인되었다. 음극선관의 기본구조는 유리관 내부에 음극과 양극(음전하를 띤 전극과 양전하를 띤 전극)이 장착된 형태이며, 유리관 안의 공기는 제거되어 거의 진공 상태이다. 음극선관에 전기가 공급되면, 음극에서 방출되어 어둠 속에서 빛나는 신비한 빛줄기 음극선이 생성되었다. 개선된 음극선관으로 엑스선의 존재가 드러난 이후 J. J. 톰슨(1856~1940)은 1897년 또 다른 개선된 형태의 음극선관으로 빛줄기를 조사했다. 그가 제작한 고출력 음극선관에서는 빛줄기가 양전하 쪽으로 휘었고, 따라서 빛줄기가 음전하를 띤다는 것이 입증되었다. 빛은 전하를 띠지 않으므로, 톰슨은 그 빛줄기가 입자로 이루어졌다고 주장했다. 그는 각 입자의 질량을 계산하여 수소 원자보다 1,800배 더 가볍다는 결과를 얻었다. 이는 그 입자가 다른 어느 원자보다도 작은 아원자 입자라는 것을 의미한다. 이러한 결과는 불가능하다고 여겨졌지만, 톰슨이 '전자'라 이름 붙인 이 입자는 전류를 이해하는 과정에 누락된 연결고리임이 밝혀졌다. 그리고 얼마 지나지 않아 원자의 구조와 성질을 결정하는 다른 아원자 입자들이 하나둘씩 밝혀지면서 집단을 형성했다.

조지프 존 'J. J.' 톰슨

수학자이자 물리학자로, 전자를 발견해 1906년 노벨상을 받았다. 40세가 되기 전에 케임브리지대학교의 캐번디시연구소 교수로 선출될 만큼 뛰어난 성과를 남겼으나 아원자 입자를 발견하며 얻은 명예에 안주하지 않았다. 1912년에는 동위원소(화학적으로 동일하지만 질량이 다른 원소)를 공동 발견하고, 연구를 통해 얻은 지식을 총망라하여 질량에 따라 원자와 분자를 분석하는 장치인 질량 분석기를 최초로 만들었다.

전기 p.24 새로운 물리학 p.27

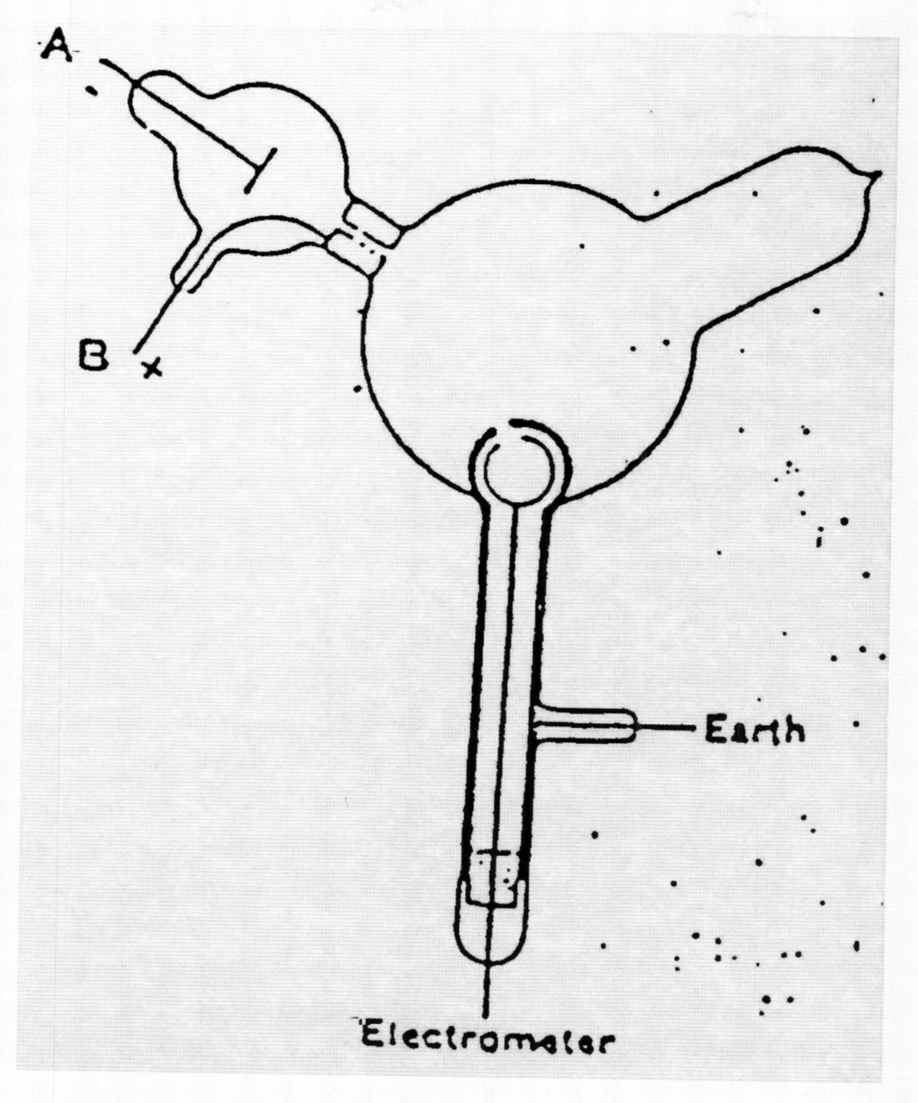

1897년 철학 잡지에 수록된 톰슨의 음극선관 그림. 음극(A)에서 방출된 음극선은 관 연결 부위에 설치된 금속 플러그의 작은 틈새를 통과하여 유리관으로 전달된다. 금속 플러그는 양극(B)과 연결되어 있다.

양자 물리학 **p.167** 원자가 결합 이론 **p.168** 표준 모형 **p.174** 음극선관 **p.193** 질량 분석법 **p.202**

학습된 반응 Learned Responses

1898 ~ 1930

이반 파블로프: 《동물의 실험심리학 및 정신병리학》

• 러시아 상트페테르부르크

상트페테르부르크에 설립된 왕립군사 의학아카데미에서 개 실험을 시연하기에 앞서 조수 및 학생들과 함께 있는 이반 파블로프(가운데, 회색 턱수염을 기른 인물), 1912~1914년경.

박물학과 생물학 p.22 신경 과학과 심리학 p.34

파블로프(1849~1936)란 이름은 동물의 학습된 반응을 가리키는 대명사가 되었다. 파블로프 반응은 신경 자극을 받아서 변화한 동물의 행동을 뜻한다. 널리 알려져 있듯이, 파블로프는 개에게 종소리를 들려주고 먹이를 주다보면, 먹이 없이 종소리만 들려줘도 개가 침을 흘린다는 것을 발견했다. 그가 이 연구를 하게 된 것은 우연이었다. 소화 분야에서 이미 세계적 전문가였던 파블로프는 뇌와 위 사이의 신경 연결을 연구했는데, 특히 그러한 연결이 위액 분비에 어떤 식으로 관여하는지를 조사하고 있었다. 그는 개를 여러 마리 포획하여 턱에서 흘러내리는 침을 채취하는 실험을 했다. 파블로프의 조수가 먹이를 주면 개들은 침을 더 많이 흘렸는데, 이는 그다지 특별한 결과가 아니었다. 그러나 조수가 다른 일이 있어서 빈손으로 왔을 때도 개들은 침을 흘렸다. 개들은 조수와 먹이 사이의 연관성을 학습했고, 조수가 빈손으로 왔을 때도 먹이를 가져왔을 때와 같은 방식으로 반응했다. 파블로프는 개에게 먹이를 줄 때 종소리를 들려주며 그러한 효과를 재현했고, 이내 개들은 종소리만 들어도 침을 흘렸다. 파블로프는 먹이를 보고 침을 흘리는 행동은 본능적이거나 반사적인 반응이라 추론했고, 학습된 반응을 '조건 반사'라고 명명했다. 결과적으로 보상이나 처벌로 신경 자극을 유발하는 학습의 기본적인 형태는 오늘날 조건화로 알려지게 되었다.

이반 파블로프

모스크바 남부 도시에서 성직자의 아들로 태어난 파블로프는 신학교를 졸업하고 얼마 지나지 않아 과학으로 진로를 변경했다. 1890년 상트페테르부르크 실험의학연구소 소장이 되었고, 그곳에서 일하며 여생을 보냈다. 오늘날 그에게 명성을 가져다준 조건형성 연구가 널리 알려지기 전인 1904년 노벨 생리의학상을 받았다.

이반 파블로프의 주요 저작

《소화샘 연구》(1902)
〈조건 반사: 대뇌피질의 생리적 활성에 관한 연구〉(1927)
〈조건 반사 강의: 동물의 고등신경계활성에 관한 25년간의 객관적 연구 경험〉(1928)

기계 학습 p.213

성염색체 Sex Chromosomes

1905

네티 스티븐스: 〈정자 형성에 관한 연구 제2장, 딱정벌레목·노린재목·나비목에 속하는 특정 종의 성염색체 비교연구 및 성 결정에 관한 참조 문헌 목록〉
• 미국 워싱턴 D.C.

토머스 헌트 모건의 주요 저작

〈초파리의 한성 유전〉(1910)

염색체는 한 쌍을 이루는데, 어머니와 아버지로부터 각각 한 개씩 물려받는다. 따라서 신체를 구성하는 모든 세포는 염색체를 두 세트씩 가지고 있다. 인체가 생식 세포(정자와 난자)를 만들 때 염색체의 수는 절반으로 줄어들며, 정자와 난자는 각각의 염색체를 한 개씩 지닌다. 정자와 난자가 수정되면서 서로 결합하면 완전히 새로운 염색체 세트를 형성한다.

인간의 염색체는 23쌍 즉 46개로 구성되며, 그중 22쌍은 두 염색체의 길이가 같다. 그런데 23번째 쌍은 늘 비슷한 염색체끼리 짝을 이루지 않는다. 여성은 X로 표기하는 긴 염색체의 쌍을 지니지만, 남성은 하나의 X염색체와 그보다 훨씬 길이가 짧은 Y염색체 쌍을 가진다. 이는 난자(여성의 생식 세포)는 모두 X염색체 한 가지를 지닌 반면, 정자(남성의 생식 세포)는 X염색체 또는 Y염색체를 지닌다는 것을 의미한다. 수정이 일어날 때 정자는 난자에 X 또는 Y염색체를 추가하며 자손의 성별을 결정한다. 이러한 성 결정 체계는 미국의 세포 생물학자 네티 스티븐스(1861~1912)가 1905년에 발견했다. 스티븐스는 딱정벌레 유충의 정자에 크고 작은 염색체가 포함되어 있음을 밝혔다. X·Y염색체 체계는 포유류, 곤충 및 다양한 파충류에서 널리 발견된다. 새의 성염색체는 Z·W 체계인데, Z·W염색체 체계에서는 X·Y 체계와 반대로 암컷이 Z염색체와 W염색체 쌍을 지닌다.

토머스 헌트 모건

성염색체가 발견되고 5년 뒤, 토머스 헌트 모건(1866~1945)은 특정 유전 형질이 성염색체상에 있음을 밝혔다. 이는 X염색체상의 유전자가 상대적으로 작은 크기의 Y염색체에서는 발현하지 않는다는 것을 의미한다. 그런 까닭에 성염색체와 연관된 형질은 수컷에게 더욱 자주 나타나며 암컷에게서는 드문데, 일반적으로 암컷은 물려받은 두 개의 X염색체 중 한쪽에 우성 대립 유전자가 있기 때문이다. 인간에게서 발견되는 성염색체 연관 형질에는 혈우병과 색맹이 있다.

세포설 p.25 유전학 p.31 유전자 변형 p.38

1909년 이탈리아 나폴리의 동물학연구소에서 연구 중인 미국 유전학자 네티 스티븐스. 스티븐스는 1905년 성염색체를 발견했다.

판스페르미아설 **p.156** DNA 프로파일링 **p.205**

전하량 측정 Measuring Charge

1909

로버트 밀리컨: 〈기본 전하량 측정과 아보가드로의 수에 관하여〉
• 미국 일리노이 시카고

1909년 두 명의 미국 물리학자는 당시 보편적 견해와 다르게, 전기는 전하를 띤 입자의 흐름이 아닌 파동이라는 것을 증명하고자 실험을 설계했다.

로버트 밀리컨(1868~1953)은 하비 플레처(1884~1981)의 도움을 받아 전하를 측정했다. 두 사람은 전하가 고정된 값이 아니며, 양극단의 값 사이를 오간다고 예측했다. 이를 증명한 방법이 오늘날 널리 알려진 기름방울 실험으로, 두 개의 수평판 사이에 강한 전기장을 걸고 미세한 기름방울을 분사한 뒤 기름방울이 중력을 받아 아래쪽 판으로 낙하하는 현상을 현미경으로 관찰했다. 일부 기름방울은 분사되는 동안 표면에 마찰이 일어나 전하를 띠게 되었고, 그리하여 전기장의 영향을 받아 다시 공중으로 밀려 올라갔다. 두 과학자는 특정 크기와 무게의 기름방울 한 개가 얼마나 빠르게 이동하는지 측정하고, 전자기력과 중력의 크기를 비교하여 기름방울이 띤 전하를 계산했다. 그리고 수없이 실험을 반복한 끝에 모든 계산 값이 1.5×10^{-19}의 정수배라는 것을 발견했다. 즉, 밀리컨의 가설은 틀렸으며 전하의 값은 변동하지 않는다. 이보다 더 중요한 사실은 전하가 전자와 같은 입자에 의해 운반되므로 언제나 고정값(양자)의 배수로 존재한다는 점이며, 이는 양자 물리학의 발전에 밑거름이 되었다.

연구 중인 로버트 밀리컨, 1930년경.

새로운 물리학 p.27 우주의 크기 p.28

로버트 밀리컨의 주요 저작

《전자: 전자의 분리와 측정과 몇몇 성질의 결정》(1917)
《로버트 밀리컨의 자서전》(1950)

로버트 밀리컨

미국 중서부에서 유년시절을 보낸 그는 뉴욕 컬럼비아대학교에 개설된 물리학부에서 박사학위를 받은 첫 졸업생이 되었다. 밀리컨은 시카고에서 연구 경력을 쌓기 시작하고 기름방울 실험을 했다. 수년 후에는 물질에 빛을 쬐면 전류가 흐르게 되는 현상인 광전 효과(photoelectric effect)를 연구했다.

원자론 **p.159** 양자 물리학 **p.167** 원자가 결합 이론 **p.168** 거품 상자 **p.198**

헤르츠스프룽-러셀 도표

Hertzsprung-Russell Diagram

1911

아이나르 헤르츠스프룽: 〈항성의 복사에 대하여〉 • 덴마크 코펜하겐

20세기 초, 하늘을 폭넓게 연구한 결과가 발표되었다. 연구 결과는 고대부터 제작된 별 지도를 보완했을 뿐만 아니라, 항성을 비롯한 다양한 천체의 상대적 위치를 증명했다. 항성의 밝기와 크기, 항성이 발산하는 빛의 색 또한 정확하게 밝혔다. 게다가 성간 거리를 측정하는 기술들이 새롭게 등장하면서, 천문학자들은 지구에서 측정한 항성의 밝기를 기준으로 항성의 절대등급을 결정할 수 있게 되었다.

1913년, 각각 독립적으로 연구를 진행하던 두 명의 천문학자 아이나르 헤르츠스프룽(1873~1967, 덴마크)과 헨리 노리스 러셀(1877~1957, 미국)은 항성에 관한 모든 정보를 이해하려 했다. 두 사람은 항성의 색이 온도를 나타낸다는 것을 발견하고(파란색 및 흰색 항성보다 노란색 및 오렌지색 항성이 차갑고 빨간색 항성이 가장 차갑다), 우주의 항성이 도표에 무작위로 흩어져 있지 않음을 깨달았다. 항성은 대부분 '주계열'에 속하는데, 이는 뜨겁고 큰 항성부터 차갑고 작은 항성에 이르기까지 도표를 대각선으로 가로지르는 영역이다. 태양은 지극히 평균적인 위치에 있다. 거성과 초거성으로 이루어진 성단은 온도가 낮은 편이지만, 가장 작은 항성인 백색 왜성은 전부 온도가 높다. 헤르츠스프룽-러셀 도표는 항성의 수명 주기를 보여 주는 창이다. 항성은 대부분 주계열 단계에서 수십억 년을 보내다가 열과 빛을 생성하는 핵융합에 필요한 연료가 떨어지면 더욱 크고 차가운 적색 거성으로 부풀어 오른다. 최종적으로 적색 거성은 백색 왜성이라 부르는 작고 뜨거운 중심핵만 남기고 붕괴한다.

아이나르 헤르츠스프룽

천문학자. 코펜하겐 출신이지만 주로 독일과 네덜란드에서 연구 경력을 쌓았다. 당대 과학이 성취한 눈부신 발전의 중심에 있었음에도 그다지 이름이 알려지지 않았다. 그는 항성 간의 거리를 측정하는 방식을 완벽하게 개선하여, 에드윈 허블이 우주의 팽창을 발견하는 데 도움을 주었다. 헤르츠스프룽은 우리 은하가 자전하고 있음을 밝힌 야코뷔스 캅테인(1851~1922)의 사위였으며, 행성과학의 창시자인 제러드 카이퍼(1905~1973)는 그의 제자였는데, 해왕성 바깥 궤도를 도는 얼음형 천체들의 명칭인 카이퍼대(Kuiper belt)가 그의 이름에서 유래했다.

고대 천문학자 **p.12** 우주의 크기 **p.28** 보이지 않는 우주 **p.37**

아이나르 헤르츠스프룽의 주요 저작

《포츠담 천체물리학 천문대 논총》(1911)

헨리 노리스 러셀의 주요 저작

〈알칼리 토금속의 스펙트럼에서 발견된 새로운 규칙성〉(1925)

〈태양 대기 구성에 관한 연구〉(1929)

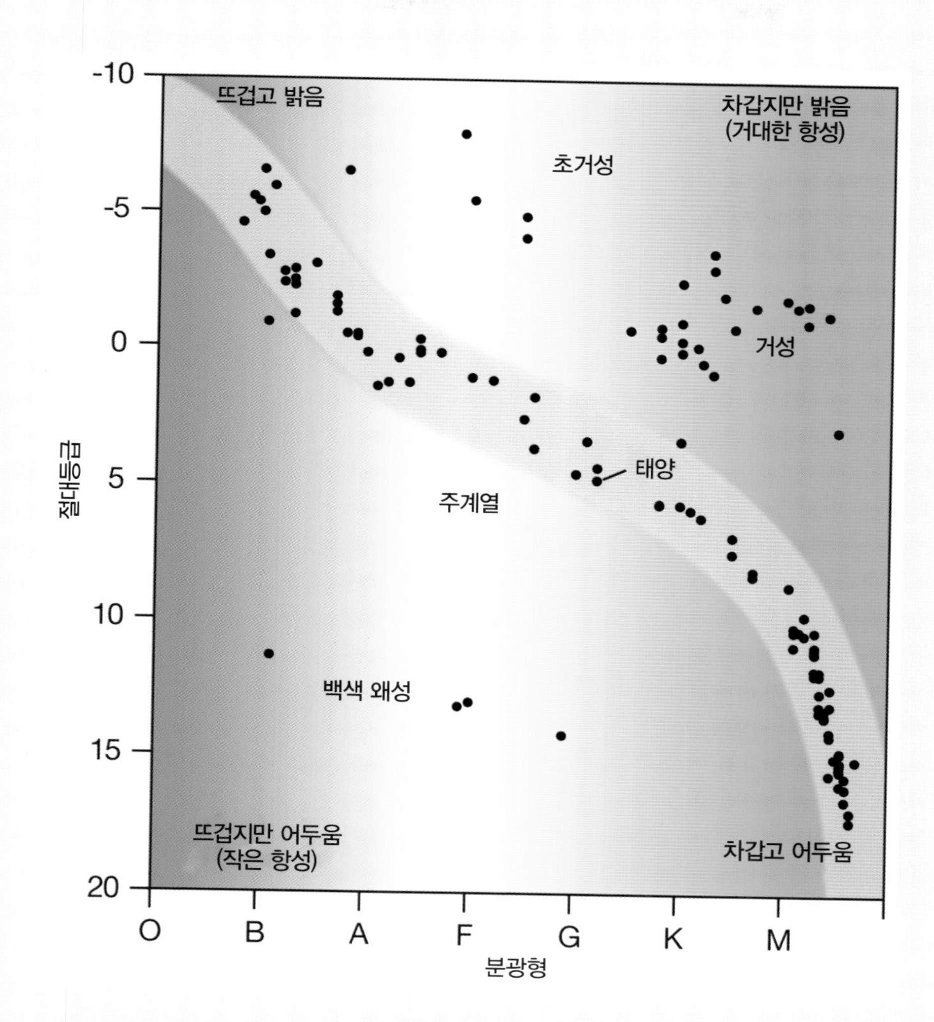

헤르츠스프룽–러셀 도표. 가로축은 분광형(항성의 온도에 따른 분류 기준), 세로축은 절대등급(항성의 고유 밝기)을 의미한다.

빅뱅 **p.169** 항성 핵합성 **p.170** 망원경 **p.189**

우주 방사선 Cosmic Rays

빅토르 헤스: 〈일곱 번의 열기구 비행에서 관찰한 방사선에 관하여〉
• 독일 피스코브

1910년까지 물리학자들은 기존보다 더욱 민감한 검전기(전하를 측정하는 장치)로 실험했다. 파리의 에펠탑 꼭대기에 올라 중요한 실험을 수행하면서, 고도가 높을수록 대기에 전하를 띤 입자가 많아진다는 것을 발견했다. 1911년 빅토르 헤스(1883~1964)는 여러 차례 열기구를 타고 높은 고도를 비행하면서 대기의 전기 특성을 조사했다. 그는 이륙하기 전에 검전기를 충전했는데, 더 높이 비행할수록 검전기에 충전한 전하가 더욱 빠르게 소멸하는 현상을 목격했다.

헤스는 해수면의 대기보다 높은 고도의 대기가 전기 전도성이 우수하며, 대기 내 전하를 띤 수많은 입자가 검전기에서 전하를 끌어당긴다고 결론지었다. 그리고 대기의 분자가 전하를 띠는(이온화되는) 이유는 우주에서 지구 대기로 빠르게 쏟아져 들어오는 입자와 충돌하기 때문이라고 설명했다. 다소 혼란스럽긴 하지만, 이러한 입자의 흐름은 우주 방사선으로 알려지게 되었다. 입자는 크기와 전하 범위가 다양하고, 태양이나 태양계 바깥에서 기원하며, 빛에 가까운 속력으로 지구에 도달하기도 한다.

헤스를 비롯한 여러 연구자들은 우주 방사선의 충돌을 관찰하면 원자가 어떻게 생성되고 거동하는지를 밝히는 데 도움이 되리라 생각했다. 우주에서 날아오는 아원자 입자 가운데 최초로 발견된 뮤온(muon)은 높은 고도에서 발생하는 우주 방사선의 충돌에서 처음 탐지되었으며, 이러한 발견은 우주 방사선의 충돌 효과를 모방하되 좀 더 통제된 방식으로 충돌이 일어나도록 입자 가속기를 건설하는 데 영감을 주었다.

빅토르 헤스
오스트리아 중부 지역에서 태어난 헤스는 빈 과학아카데미에서 근무하는 동안 열기구를 타고 비행하며 우주 방사선을 발견했다. 1921년에 미국으로 건너가 광산 자문위원으로 일하다가 이후 유럽으로 돌아와 물리학 교수가 되었으나, 나치가 오스트리아에 도착하자 미국으로 되돌아갔다. 뉴욕 포드햄 대학교에서 교수로 여생을 보냈다.

빅토르 헤스의 주요 저작

〈대기의 전기전도도와 그 원인〉(1928)

전기 p.24 끈 이론 p.39

1912년 8월 열기구 비행을 마치고 돌아온 빅토르 헤스.

거품 상자 **p.198** 입자 가속기 **p.199** 아틀라스 검출기(CERN) **p.200**

원자핵 Atomic Nucleus

어니스트 러더퍼드: 〈물질에 의한 α·β 입자 산란과 원자의 구조〉

• 영국 맨체스터

어니스트 러더퍼드의 주요 저작

《방사능》(1904)
《방사성 변환》(1906)
《방사성 물질과 방사선》(1913)
〈물질의 전기적 구조〉(1926)
〈원소의 인공 변환〉(1933)

새로운 물리학 **p.27** 끈 이론 **p.39**

전자는 아원자 입자로서 1897년 최초로 발견되었고, 원자가 무엇으로 구성되어 있는지에 대한 궁금증을 불러일으켰다. 전자는 음전하를 띠지만 원자는 전하를 띠지 않으므로, 초기 원자 모델은 양전하를 띤 푸딩에 음전하가 자두처럼 분포한 '자두 푸딩 모델'이었다. 1909년 방사능 연구는 원자가 양전하를 띤 '알파 입자'를 방출한다는 것을 발견했다. 어니스트 러더퍼드(1871~1937)는 알파 입자를 통해 자두 푸딩 모델에 모순이 있음을 깨닫고, 제자 한스 가이거(1882~1945)와 어니스트 마스든(1889~1970)과 함께 실험을 시작했다. 세 사람은 얇은 금박 주위에 사진 건판을 세우고 알파 입자를 쏜 다음, 각 입자가 사진 건판에 남긴 흔적을 확인했다. 입자들은 대부분 금박을 통과했지만, 일부 입자는 좌우로 튕겨 나갔다. 러더퍼드와 제자들은 알파 입자 방출기 뒤로 사진 건판을 옮겼다. 그러자 쏘여진 알파 입자 중 극소수는 방출기 쪽으로 도로 튕겨 나온다는 것이 확인되었다. 양전하를 띤 알파 입자가 원자 내의 양전하를 띤 구성 요소에 의해 튕겨 나오고 있던 것이다. 러더퍼드는 모든 입자의 경로를 분석해 원자의 양전하가 전부 작은 중심핵에 집중되어 있음을 입증하고, 그 중심핵을 원자핵이라고 명명했다. 1917년 러더퍼드는 원자핵에 포함된 양성자라는 이름의 아원자 입자가 양전하를 띠는 것을 발견했다.

어니스트 러더퍼드

뉴질랜드에서 태어난 러더퍼드는 캐나다 몬트리올에서 연구를 시작하고 방사성 원소에서 검출한 방사선을 두 가지로 구분했다. 첫째로 알파선은 양전하를 띠며 무거운 입자(오늘날 헬륨 원자핵으로 알려져 있음)로 이루어져 있다. 둘째로 베타선은 음전하를 띠며 알파선보다 가벼운 입자(오늘날 대부분 전자로 구성되어 있다고 규명됨)로 이루어져 있다. 이후 러더퍼드는 영국 맨체스터로 자리를 옮겨 핵실험을 했고, 나중에는 케임브리지대학교의 캐번디시연구소장을 지내기도 했다. 핵과 양성자를 발견했을 뿐만 아니라, 중성자가 발견되는 과정을 지켜보기도 했다. 러더퍼드의 유해는 런던 웨스트민스터사원의 아이작 뉴턴 곁에 안치되었다.

1937년 몬트리올 맥길대학교 실험실에서 연구 중인 한스 가이거(왼쪽)와 어니스트 러더퍼드.

원자론 **p.159** 표준 모형 **p.174** 아틀라스 검출기(CERN) **p.200**

파동-입자 이중성

Wave-Particle Duality

조지 톰슨: 〈박막에 의한 음극선의 회절〉 • 영국 애버딘

조지 톰슨의 주요 저작

〈헬륨 내 느린 양성자의 자유 경로〉(1926)
〈전자 광학〉(1932)
〈결정의 성장〉(1948)

노벨상 수상자의 자녀 가운데 부모에 비견할 만한 업적을 남긴 인물은 거의 없지만, J. J. 톰슨의 아들 조지 톰슨(1892~1975)은 1937년에 그러한 일을 해냈다. 아버지와 같은 분야를 연구해 상을 받은 것이다. J. J.는 전자를 발견했고, 조지는 전자가 파동임을 입증했다. 조지 톰슨은 빛이 파동이라는 것을 보여준 토머스 영의 1804년 이중 슬릿 실험과 비슷한 실험을 했다. 얇은 금속 박막에 전자를 쏜 것이다. 그러자 전자 입자가 금속 박막을 통과하여 검출기에 무작위로 퍼졌다. 이때 톰슨은 전자가 마치 파동처럼 검출기에 간섭무늬를 남기는 현상을 발견했다. 양자 역학의 창시자들 또한 1920년대에 이 기묘한 결과를 예측했는데, 그들은 전자를 비롯한 아원자 입자를 다루면서 두 가지 상태를 오가는 파동과 같은 실체로 취급했고, 그러한 아원자 입자의 거동을 기술하는 방법을 찾았다. 전자가 입자성과 파동성을 동시에 지닌다는 사실은 오늘날 파동-입자 이중성으로 알려져 있다.

조지 톰슨

과학 및 기타 분야에서 활약한 다른 조지 톰슨과의 혼동을 막기 위해, 이 입자 물리학자는 일반적으로 조지 패짓 톰슨이라고 부른다. 제1차 세계대전에서 조지 패짓 톰슨은 영국 왕립공군(RAF)의 전신인 영국 육군항공대를 위하여 공기역학을 연구했다. 전쟁이 끝난 뒤에는 애버딘대학교로 옮겨 전자를 연구했다. 제2차 세계대전에서는 영국의 핵무기 연구를 이끌었다. 당시 연구 결과는 미국으로 넘어갔고, 맨해튼 프로젝트가 마침내 1945년 핵무기 제조에 성공하는 데 중요한 밑거름이 되었다.

새로운 물리학 **p.27** 과학과 공익 **p.29** 끈 이론 **p.39**

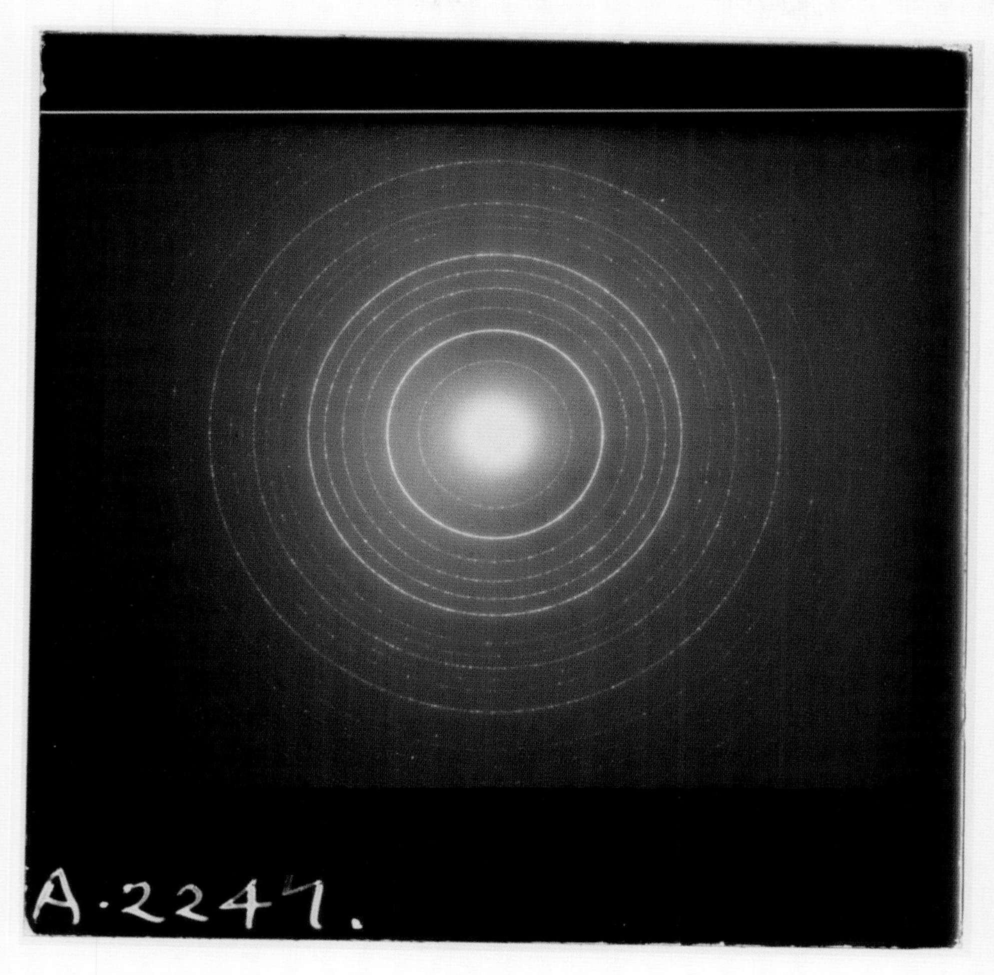

톰슨이 촬영한 사진으로, 중심에 전자의 회절 무늬가
나타나 있다.

양자 물리학 p.167 입자 가속기 p.199

항생제 Antibiotics

1928

알렉산더 플레밍: 〈B. 인플루엔자 분리에 이용된 페니실륨 곰팡이의 항세균 작용에 관하여〉 • 영국 런던

알렉산더 플레밍의 주요 저작

〈플라빈의 생리 및 살균 작용〉(1917)
〈조직과 분비물에서 발견된 놀라운 용균 요소에 관하여〉(1922)

알렉산더 플레밍

플레밍은 의사 면허를 취득하고 제1차 세계대전에 참전했다. 페니실린 개발에 기여한 공로를 인정받아 1945년 플로리, 언스트 체인(1906~1979)과 함께 노벨상을 받았다.

1880년대에 이르러 세균과 감염 사이의 연결고리가 단단해졌고 '특효약'이라는 개념이 탄생했다. 몇몇 화학 물질이 세균을 죽이는 살균제로 알려져 있었으나 건강한 조직 또한 손상시켰다. 특효약이라면 인체를 다치게 하지 않고 세균만 죽여야 한다. 다양한 화학 물질이 특효약 후보에 올랐지만, 역사상 최초로 개발된 진정한 특효약이자 오늘날 항생제로 알려진 약은 1928년 스코틀랜드 세균학자 알렉산더 플레밍(1881~1955)이 우연히 발견했다. 플레밍은 여름휴가에서 돌아온 뒤, 세균 배양 접시에 잔뜩 퍼진 청록색 곰팡이 주위가 무균 상태라는 것을 발견했다. 실험을 통해 청록색 곰팡이가 항생 물질을 생산한다는 것을 확인하고, 그 물질을 추출해 페니실린이라고 이름 붙였다. 페니실린이 인간에게는 독성이 없음을 발견한 그는 얼마 지나지 않아 페니실린이 감염을 퇴치하는 유용한 특효약임을 깨달았다. 심지어 감염병에 걸린 동료의 눈을 페니실린 가루로 치료해 본인의 생각을 입증하기도 했다. 그러나 페니실린의 효능을 확신하는 과학자는 소수에 불과했고, 당시 생물공학 기술로는 페니실린의 활성 성분을 대량으로 생산할 수 없었다. 1940년 하워드 플로리(1898~1968)는 페니실린을 배양액 상태로 대량 제조하는 방법을 개발하고, 임상 시험을 진행하여 페니실린 항생제가 안전하다는 것을 증명했다. 페니실린을 비롯한 다양한 항생제는 2억 명의 생명을 구했다고 추정된다.

의학의 탄생 p.14 공중보건 p.26

세인트메리병원 실험실에서 연구 중인 런던대학교 세균학 교수 알렉산더 플레밍(1943년).

임상 시험 p.208

팽창하는 우주

The Expanding Universe

에드윈 허블: 〈외계 은하 성운의 시선 속도와 거리 간의 상관관계〉 • 미국 캘리포니아 윌슨산

1929

에드윈 허블
수학과 과학에 호기심이 있었지만 법 공부를 하길 바라는 아버지의 뜻을 따랐다. 탁월한 성적을 거두고 로즈 장학생으로 선발되어 옥스퍼드대학교에 진학한 그는 1913년 아버지가 세상을 떠난 뒤 교사로 일하다가 천문학 박사학위를 취득한다. 제1차 세계대전 동안 미국 육군에 입대하여 1년간 복무한 이후 윌슨산 천문대에 입사하여 일생을 연구에 바쳤다.

에드윈 허블(1889~1953)은 두 가지의 획기적인 발견으로 유명하다. 첫 번째는 1924년에 이루어진 발견으로, 우리 은하는 온 우주를 차지하는 것이 아니라 광대한 공간을 두고 서로 멀리 떨어진 수많은 은하(현재 2조 개로 추정) 중 하나에 불과하다는 것이다. 허블은 당시 세계에서 가장 큰 망원경을 보유한 캘리포니아 윌슨산 천문대에서 우주를 조사하다가 이 사실을 발견했다. 이는 다양한 밝기로 관측되는 항성들이 얼마나 멀리 떨어져 있는지 측정하는 방법을 발견한 헨리에타 스완 리비트(1868~1921)의 연구를 토대로 한다. 항성이 반짝이는 속도는 그 항성의 크기를 가르쳐주며, 항성의 크기를 알면 지구에서 보는 항성의 겉보기 밝기를 토대로 항성과 지구 사이의 거리를 알 수 있다. 허블은 이러한 과정을 거쳐 일부 항성이 우리 은하 너머에 있음을 밝혔다. 이는 흐릿한 성운 형태의 무수한 천체가 우리 은하와 분리된 다른 은하에 속한다는 결론으로 이어졌다. 그들 천체가 모두 우리 은하로부터 멀어지고 있다는 것은 이미 알려져 있었고, 1929년까지 이어진 허블의 연구는 천체가 멀리 떨어져 있을수록 더 빠르게 움직이고 있음을 증명했다. 천문학에서 천체는 멀리 있을수록 나이가 많으며, 따라서 우리와 늙은 천체 사이의 거리는 우리와 젊은 천체 사이의 거리보다 더 빠르게 증가하고 있다. 다시 말해, 온 우주는 끊임없이 확장하고 있다.

에드윈 허블의 주요 저작

〈성운상 별의 색〉(1920)
〈외계은하 성운〉(1926)
〈성운 스펙트럼의 적색 편이〉(1934)

고대 천문학자 p.12 우주의 크기 p.28 보이지 않는 우주 p.37

캘리포니아 패서디나에 자리한 윌슨산 천문대에 설치된
지름 2.5m의 후커 망원경을 사용하는 에드윈 허블.

 빅뱅 **p.169** 암흑 물질 **p.175** 인플레이션 우주 **p.176**

재조합 Recombination

1931

바버라 매클린톡: 〈옥수수 내의 돌연변이 유전자의 기원과 작용〉 • 미국 뉴욕 이타카

바버라 매클린톡의 주요 저작
《바버라 매클린톡 논문 모음》
(1927~1991)

1931년 미국 유전학자 바버라 매클린톡(1902~1992)은 옥수수의 염색체를 연구하던 중 식물의 일부 품종에서 한 염색체의 끝에는 혹이 달렸으나 그것의 상동 염색체에는 혹이 없다는 사실을 발견했다(모든 염색체는 상동 염색체 쌍으로 존재한다. 부모는 상동 염색체 중에서 각각 하나씩 물려주며, 두 상동 염색체는 같은 자리에 위치하지만 서로 다른 형질을 나타내는 유전자 세트를 지닌다). 매클린톡은 염색체의 혹이 옥수수 종자의 색상 및 녹말질과 관련이 있음을 발견하고, 그 혹을 이용해 감수 분열 과정에서 일어나는 염색체의 변화를 추적했다(감수 분열은 상동 염색체가 분리되면서 염색체 수가 체세포의 절반에 불과한 생식 세포가 생성되는 독특한 세포 분열 방식이다. 부모의 생식 세포는 수정 과정에 결합하여 완전한 염색체 세트를 구성한다).

매클린톡은 놀랍게도 감수 분열이 일어나는 동안 염색체의 혹 구조가 상동 염색체 사이에서 이동한다는 것을 발견했는데, 이는 오늘날 재조합이라고 알려진 과정의 첫 번째 증거이다. 재조합이란 감수 분열에서 짝을 이룬 염색체들이 서로 나란히 정렬하고 DNA 가닥을 교차시켜 일부 DNA 구획을 교환하는 과정이다. 그 결과 부모의 염색체는 뒤섞인 상태로 자손에게 전달되고, 세대를 거듭할수록 고유하고 독특한 염색체 세트가 생성된다. 매클린톡의 업적은 수년간 빛을 발하지 못했는데, 그 내용이 시대를 훨씬 앞섰기 때문이다. 발견 후 52년이 흐른 1983년에 바버라 매클린톡은 '도약 유전자'(jumping gene)를 발견한 공로로 노벨상을 받았다.

바버라 매클린톡
1927년 식물학자로 경력을 쌓기 시작한 매클린톡은 새롭게 등장한 분야이자 유전학과 관련된 세포 메커니즘을 연구하는 세포 유전학계에 발을 들였다. 1930년 눈부신 발견을 성취한 이후 20년간 연구를 이어갔다. 하지만 동료 과학자들이 관심을 보이지 않아 1953년에는 연구 성과 발표를 포기하기도 했다. 1970년대에 이르러서야 매클린톡의 발견은 중요성을 인정받게 된다.

세포설 p.25 유전학 p.31 유전자 변형 p.38

뉴욕 콜드스프링하버에 설립된 카네기연구소 유전학 부서
내 연구실에서 연구 중인 바버라 매클린톡.

판스페르미아설 **p.156** DNA 프로파일링 **p.205** 크리스퍼 유전자 편집 도구 **p.206**

핵분열 Nuclear Fission

엔리코 페르미: 〈중성자 충돌로 생성되는 새로운 방사성 원소〉 • 이탈리아 로마

알파 입자를 이용해 원자핵의 비밀을 푼 어니스트 러더퍼드의 연구 방식에서 영감을 받아, 엔리코 페르미(1901~1954)는 당대에 발견된 중성자를 원자에 발사해서 무슨 일이 일어나는지 조사하고자 했다. 중성자는 알파 입자와 다르게 전하가 없으므로, 원자에 대고 쏘아도 전하를 띤 전자나 양성자에 의해 굴절되지 않았다. 1934년 페르미 연구진은 우라늄에 중성자를 쏘아 새로운 원소를 합성했다고 발표했다. 페르미는 그 원소를 헤스페륨으로 명명했지만, 현재는 플루토늄으로 불린다. 독일 과학자 오토 한(1879~1968)은 페르미의 실험을 반복하여 바륨이 합성된 것을 확인했다. 한의 동료 리제 마이트너(1878~1968)는 여분의 중성자가 우라늄 원자핵을 불안정하게 만들어 작은 원자 두 개로 쪼개진 결과가 바륨이라는 것을 밝혔다. 이것이 핵분열이었다. 헝가리인 레오 실라르드(1898~1964)는 원자 한 개가 핵분열 도중 자유 중성자를 방출하면 분열 반응이 꼬리에 꼬리를 물고 연달아 일어나는 것을 발견했다. 실라르드는 분열하는 원자가 막대한 규모의 에너지를 방출하므로, 통제되지 않는 핵분열 반응은 폭탄으로 쓰일 수 있음을 깨달았다. 1942년 페르미는 세계 최초의 원자로 파일 1(Pile 1)을 시카고대학교에 건설했다. 흑연 덩어리를 써서 중성자를 흡수하고 반응을 제어한 덕분에, 파일 1에서는 느린 연쇄 반응이 일어났다.

엔리코 페르미

로마에서 태어났으나 어린 시절의 대부분을 이탈리아 시골 지역에서 보낸 페르미는 어려서부터 지적 능력이 뛰어났다. 스무 살에 첫 과학적 발견을 발표하고, 스물네 살에 로마에서 물리학 교수가 되었다. 그가 세계 최고의 핵물리학자로 자리매김한 것도 바로 그때였다. 파시즘 체제를 피해 1938년 유럽에서 탈출한 페르미는 미국으로 이주한다. 파일 1을 세운 후에는 핵무기를 연구하는 맨해튼 프로젝트에 참여했다. 반복적으로 방사능에 노출된 탓에, 페르미는 암에 걸려 젊은 나이로 사망했다.

박물학과 생물학 p.22 새로운 물리학 p.27 과학과 공익 p.29

세계 최초의 원자로 파일 1은 1942년 시카고대학교 스태그필드의 서쪽 관람석 아래에 건설되었다.

엔리코 페르미의 주요 저작

《원자물리학 개요》(1928)
《분자와 결정》(1934)
《기본 입자》(1951)

네 가지 기본 힘 **p.165** 가이거-뮐러 계수관 **p.191**

튜링 기계 Turing Machine

앨런 튜링: 〈계산 가능한 수와 결정 문제의 응용에 관하여〉 • 영국 케임브리지

앨런 튜링의 주요 저작

《연산 기계와 지능》(1950)

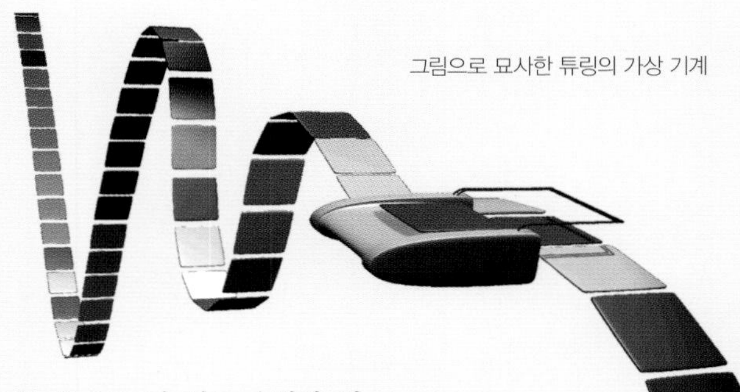

그림으로 묘사한 튜링의 가상 기계

현대 디지털 컴퓨터의 기본 기능은 1936년 영국 수학자 앨런 튜링(1912~1954)이 수행한 사고 실험의 부산물이다. 튜링은 결정 문제를 다루고 싶었다. 결정 문제란 논리적 과정, 다른 말로 알고리즘이 하나의 답에 도달할지, 아니면 종료점에 도달하지 않고 영원히 순환할 것인지를 알고자 하는 수학적 수수께끼이다. 결정 문제는 알고리즘을 처리하여 확인하지 않고도, 답에 도달하는 알고리즘과 영원히 순환하는 알고리즘을 구별하는 방법이 있는지 질문을 던졌다. 튜링은 이를 조사하기 위해 기호나 데이터가 기록된 테이프를 사용하는 '가상 기계'를 상상했다. 테이프는 무한히 사용될 수 있으며, 데이터를 읽고 다시 쓰는 헤드 밑에서 왼쪽이나 오른쪽으로 이동할 수 있다. 헤드와 테이프의 움직임은 일련의 규칙에 따라 통제되었다. 그 일련의 규칙이 알고리즘이다. 가상 기계는 테이프에 기록된 데이터에 반응하여 '테이프 이동' 또는 '데이터 다시 쓰기' 등의 명령을 내렸다. 사용되는 알고리즘에 따라 튜링 기계는 하나의 답에 도달하거나 영원히 작동한다. 튜링의 가상 기계가 결정 문제에 내린 답은 '아니오'로, 정지 알고리즘과 순환 알고리즘을 구별할 방법은 없음을 증명했다. 튜링 기계는 오늘날 컴퓨터 하드웨어가 소프트웨어 알고리즘(영원히 순환하지 않는!)에 구조화되고 처리되는 방식의 모델이 되었다.

앨런 튜링

튜링만큼 현대 생활에 막대한 영향을 미친 사람은 없다고 해도 과언이 아니다. 그의 연산 연구는 인공 지능을 대상으로 하는 튜링 테스트(이미테이션 게임)의 토대가 되었다. 튜링은 또한 제2차 세계대전 당시 원시적인 연산 기계를 활용해 적군의 암호를 해독하는 중요한 임무를 수행하여 전쟁을 단축시키고 약 1,400만 명의 목숨을 구했다. 튜링은 동성애자였는데, 당대 영국에서 동성애는 범죄로 취급되었다. 그리하여 1952년 유죄판결을 받아 고성능 컴퓨터 연구 프로젝트에서 배제된 그는 결국 청산가리를 먹고 스스로 목숨을 끊었다.

전자 공학과 연산 p.30 인터넷 p.36

시트르산 회로 Citric Acid Cycle

한스 크렙스: 〈동물 조직에서 중간 대사가 일어나는 동안 시트르산의 역할〉
• 영국 셰필드

한스 크렙스의 주요 저작

〈동물 조직 내 케톤산의 대사〉(1937)
〈생체 내의 에너지 전환〉(1957)
《회고와 성찰》(1981)

한스 크렙스

고향 독일에서 '호흡'을 탐구하려 했으나 상사에게 이를 제지당하기 일쑤였다. 유대인이었던 그는 1933년 나치로부터 도망쳐 최종적으로 영국에 정착했고, 그곳에서 자유롭게 연구해 널리 이름을 알렸다. 시트르산 회로는 종종 크렙스 회로라고도 불린다.

1700년대 후반에 생물은 산소를 마시고 이산화탄소를 배출한다는 것이 밝혀졌다. 이를 바탕으로 유기체가 섭취한 양분을 태우면 본질적으로 생명 유지에 필요한 에너지가 나온다는 사실이 드러났고, 이 과정은 호흡으로 알려져 있다. 반면 몸 밖에서 일어나는 단순한 연소 반응은 활활 타는 불꽃에서 에너지가 방출된다.

1937년 영국 셰필드에서 연구하던 독일인 한스 크렙스(1900~1981)는 일련의 실험을 수행하여 호흡에는 세심히 통제되고 점진적 방식으로 에너지를 방출하는 순환 대사 경로가 포함되어있음을 입증했다. 크렙스의 발견은 세균부터 고래에 이르는 지구상 거의 모든 생명체가 호흡이라는 방식으로 생명을 유지한다는 것을 알렸다. 탄수화물, 지방 또는 단백질이 분해되어 아세틸 조효소 A라는 이름의 간단한 물질이 생성되면, 아세틸 조효소 A분자가 시트르산 회로의 최종 생성물인 옥살아세트산과 결합하여 시트르산염(산성을 띠지 않는 형태의 시트르산)을 생성한다. 시트르산염이 여덟 단계를 거치는 동안 점진적으로 탄소 원자가 떨어져 나가고 이산화탄소 부산물이 생성된다. 시트르산 회로가 한 번 순환하면 이산화탄소 두 분자가 나온다. 그리고 회로의 각 단계에 연이어 도달할 때마다 분자는 약간의 에너지를 방출한다. 마침내 새로운 옥살아세트산이 합성되면 시트르산 회로는 다시 순환한다. 크렙스는 비둘기의 간에 산소를 지속적으로 공급하면서 존재하는 화학 물질을 분석하여 회로의 각 단계를 밝혔다. 비둘기의 간에 산소를 오랫동안 공급할수록 회로를 구성하는 물질은 더욱 풍부해졌다.

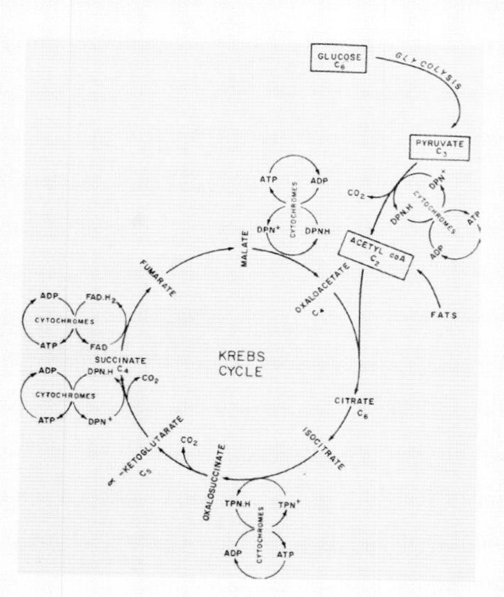

크렙스 회로의 작용을 상세하게 나타낸 그림. 이 회로의 발견은 개별 세포의 구조와 기능을 연구하는 세포학의 발전에 보탬이 되었다.

박물학과 생물학 p.22 세포설 p.25

생명의 기원 Origin of Life

1953

스탠리 밀러: 〈가능한 원시 지구 조건에서의 아미노산 생성〉
• 미국 일리노이 시카고

모든 생명체는 탄수화물, 지방, 단백질을 포함한 공통의 생화학 물질을 이용하며, 현재 살아있는 세포 내에서는 생화학 물질이 대사 작용을 거쳐 합성된다. 그렇다면 역사상 최초의 생화학 물질은 어떻게 생성되었을까? 이 질문에 대한 답은 여전히 베일에 가려져 있지만, 1953년 해럴드 유리(1893~1981)는 화학자 스탠리 밀러(1930~2007)와 함께 생화학 물질이 비생물학적 과정을 거쳐 자발적으로 합성될 수 있다는 아이디어를 검증했다. 이 아이디어는 화학 물질로 가득한 바다에서 생명체가 탄생하는 원시 수프라는 개념에 바탕을 둔다. 유리와 밀러는 초기 지구 환경을 조성할 수 있다고 생각되는 장치를 제작했다. 롤리팝(Lollipop)이라는 별명으로 불리는 이 장치는 탱크에 물이 반쯤 채워져 있는데, 탱크 내 물이 증발할 때까지 서서히 가열하면 생성된 수증기가 수소, 암모니아, 메테인이 담긴 기체 용기를 순환한다. 이러한 기체 혼합물은 주기적으로 전기가 흘러 인공 번개가 발생하다가, 온도가 낮아지면 응축되어 빗물로 내려서 물탱크로 되돌아왔다. 이 물질은 끊임없이 순환했고, 그러자 투명했던 색이 하루 만에 분홍색으로 변화했다. 일주일 후 메테인의 10%는 아미노산과 다른 복잡한 유기 화합물로 합성되었다. 이들 합성 분자는 단백질의 구성 요소이다. 밀러는 이 실험에서 오늘날 생명 활동에 쓰이는 20가지 아미노산 가운데 11가지가 생성되었다고 밝혔다.

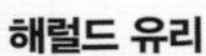

해럴드 유리
연구 경력 말기에 원시 수프라는 주제를 다루었다. 이미 세계를 선도하는 물리 화학자였던 그는 일반적인 수소보다 더 무거운 중수소를 발견한 공로로 1934년 노벨상을 받았다(중수소로 만들어진 물은 'heavy water' 즉 '중수'라고 불린다). 유리는 원자 폭탄을 개발한 맨해튼 프로젝트를 주도하고, 제2차 세계대전 이후에는 우주에서 발견되는 화학 물질을 연구하는 우주 화학 분야에 정착해 새로운 연구 주제를 찾았다. 이 분야를 연구하면서 유리는 지구가 형성될 때 어떤 화학 물질이 존재했는지 의문을 품게 된다.

박물학과 생물학 p.22 세포설 p.25 유전학 p.31

스탠리 밀러는 이 실험 장비를 활용하여 해럴드 유리와 함께 획기적인 실험을 수행했다.

스탠리 밀러의 주요 저작

《생명의 기원과 지구》(1974)

판스페르미아설 **p.156** 자연 선택에 의한 진화 **p.161** 방사성 탄소 연대 측정법 **p.197**
줄기세포 **p.207** 분기학과 분류학 **p.209**

이중 나선 The Double Helix

제임스 왓슨과 프랜시스 크릭: 〈핵산의 분자구조: 디옥시리보핵산의 구조〉

• 영국 케임브리지

로잘린드 프랭클린
과학사에서 논란이 많은 인물이다. 런던의 부유한 가정에서 태어난 그는 학위를 마치고 연구에 곧장 뛰어들었으며, 제2차 세계대전 기간에는 케임브리지와 런던에서 일하다가 이후 파리로 자리를 옮겼다. 나중에는 킹스칼리지에서 연구했다. 프랭클린의 DNA 연구 결과는 크릭과 왓슨의 발견과 동일한 학술지에 발표되었으나, 크릭과 왓슨만이 열렬한 환호를 받았고 프랭클린의 업적은 주목받지 못했다. 1962년 크릭과 왓슨은 프랭클린이 킹스칼리지에서 연구하던 시절 상사였던 모리스 윌킨스(1916~2004)와 노벨상을 공동 수상했다. 이때 프랭클린은 암으로 이미 세상을 떠난 뒤였다.

오늘날 DNA라고 불리는 화학 물질은 1869년에 발견되었고, DNA를 구성하는 리보스 당(ribose sugar)과 인산염, 고리를 가진 유기 분자인 핵산은 1909년에 분리되었다. DNA는 디옥시리보핵산(deoxyribonucleic acid)의 줄임말이다. 이후 DNA는 한 세대에서 다음 세대로 형질이 유전되는 현상과 관련된 물질임이 드러났다. 그러나 어떻게 작동하는지는 알려진 바가 없었다. 이를 알아보기 위해서는 우선 DNA 구성 요소들이 서로 어떻게 결합하는지를 확인해야 했다. 1950년대 초 몇몇 연구팀이 DNA 구조를 연구하기 시작했고, 주로 두 가지 접근법을 선택했다. 케임브리지대학교의 프랜시스 크릭(1916~2004)과 제임스 왓슨(1928~)은 분자를 종이에 그리거나 공과 막대기로 조립해 모형화하려고 시도했다. 런던 킹스칼리지의 로잘린드 프랭클린(1920~1958)은 엑스선 결정학을 활용해 분자 형태에 관한 단서를 얻었다. 프랭클린은 유명한 51번 사진을 해석했는데, 그 사진에는 DNA가 나선 구조라는 단서가 드러나 있었다. 이 사진 정보는 윌킨스에 의해 비밀리에 크릭과 왓슨에게 전달되었고, 두 사람은 1953년 그 사진을 토대로 DNA 분자의 정확한 모형을 완성했다. 인산염으로 연결된 리보스 당은 분자의 바깥쪽을 따라 구조적 뼈대를 형성하고, 핵산은 분자 안쪽에서 짝을 지어 결합을 이룬다. 대물림되는 유전 암호는 DNA 내 핵산의 순서로 결정된다.

유전학 p.31 유전자 변형 p.38

프랜시스 크릭의 주요 저작

《인간과 분자》(1966)
《놀라운 가설》(1994)

제임스 왓슨의 주요 저작

《이중 나선》(1968)

DNA 이중 나선 모형 옆의 제임스 왓슨(왼쪽)과
프랜시스 크릭(오른쪽), 1953년.

자연 선택에 의한 진화 **p.161** DNA 프로파일링 **p.205** 크리스퍼 유전자 편집 도구 **p.206**

밀그램 실험 Milgram Experiment

스탠리 밀그램: 〈복종에 대한 행동 연구〉 • 미국 코네티컷 뉴헤이븐

스탠리 밀그램의 주요 저작

〈도시에서의 삶에 관한 연구〉(1970)
《텔레비전과 반사회적 행동: 현장실험》(1973)
《권위에 대한 복종》(1974)

스탠리 밀그램(1933~1984)의 1961년 실험은 사람들이 권위에 복종하는 과정에 대한 흥미로운 통찰을 제시한다. 실험에 자원봉사자는 한 명씩 동원되었으며, 실험에서의 역할이 선생이라는 이야기만 들은 다음, 실험자 즉 실험실의 권위자 역할을 하는 과학자의 지시에 따라 행동했다(자원봉사자는 예일대학교 학생을 대상으로 모집되었으며 사전에 활동비를 받았다). 선생의 임무는 학습자가 간단한 문제를 틀렸을 때 학습자에게 전기 충격을 가하는 것이었다. 실험자는 전기 충격이 고통스럽긴 하지만 학습자에게 해를 끼치지 않는다고 설명했다. 학습자가 다른 방에 있어서 보이지 않았기 때문에 선생은 학습자도 자원봉사자라고 믿었다. 하지만 학습자 또한 과학자로 선생이 가짜 전기 충격을 가하면 괴로운 듯이 비명을 질렀다. 학습자는 이따금 의도적으로 틀린 답을 냈고, 실험자는 선생이 전기 충격을 가할 때마다 전압을 올리라고 지시했다. 모든 자원봉사자가 실험자의 지시에 따라 300볼트까지 전기 충격기의 전압을 올렸다. 300볼트에 다다르자 학습자는 고통스럽게 절규했다. 이 지점에서 자원봉사자의 약 3분의 1은 실험을 중단했지만, 나머지 3분의 2는 학습자가 멈춰 달라고 애원하거나 더욱 강해진 충격에 학습자가 미약하게 반응하다가 결국 죽은 척 반응을 보이지 않아도 실험을 중단하지 않았다.

스탠리 밀그램

유대계 이민자의 아들로 태어나 어린 시절을 뉴욕에서 보낸 밀그램은 유럽의 홀로코스트에 희생된 가족들의 이야기를 접하고 분노했다. 그래서 사람들이 그토록 비인간적으로 행동할 수 있었던 이유를 밝히기 위해 심리학을 공부하기로 마음먹는다. 그가 명성을 얻게 된 복종 실험은 박사학위를 받고 불과 2년 만에 진행되었다. TV시청과 나쁜 행동 사이에 관련이 있는지도 탐구했으나 아무런 연관성을 발견하지 못했다. 밀그램은 51세에 심장마비로 숨졌다.

신경과학과 심리학 p.34

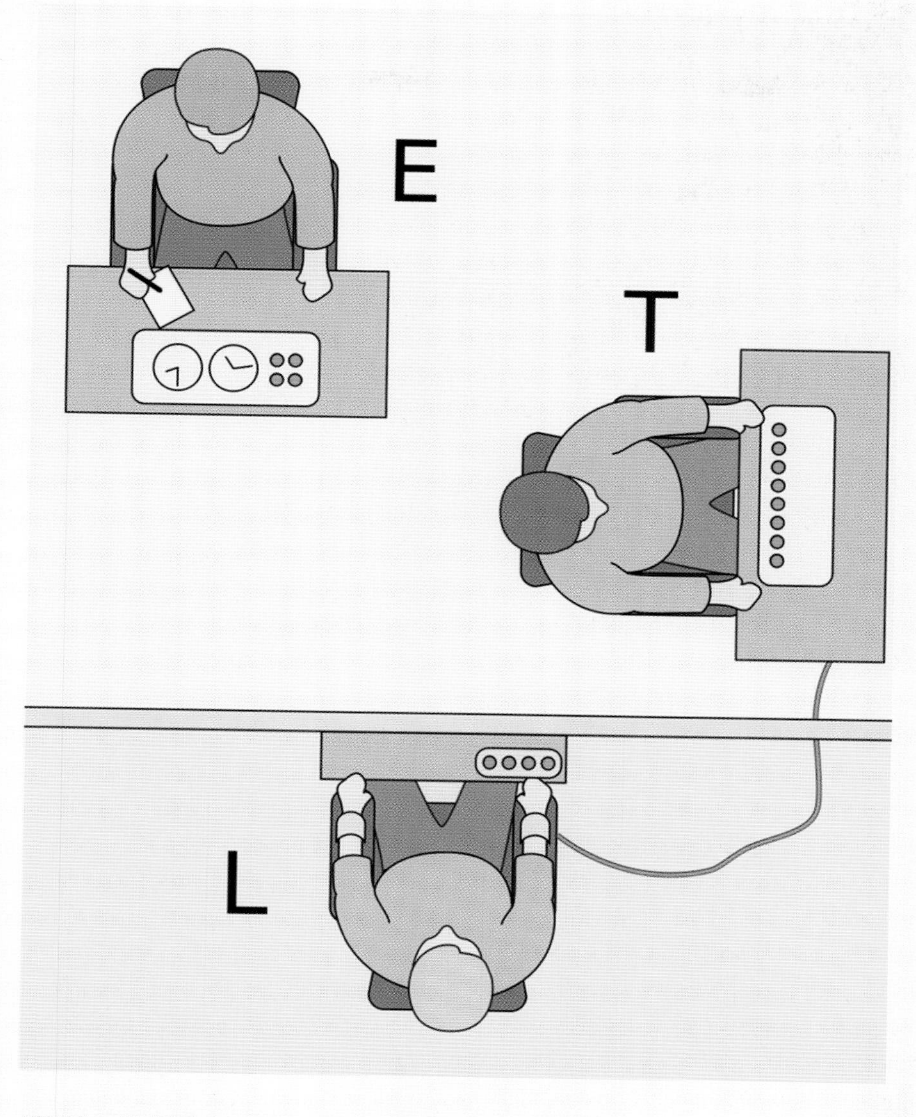

실험자(E)는 피험자('선생', T)가 또 다른 피험자('학습자', L)에게 고통스러운 전기 충격을 준다는 확신을 심어주었는데, 실제로 피험자 L은 연기자였다.

→ 과학적 절차 p.182 임상 시험 p.208 기계 학습 p.213

우주배경복사
Cosmic Microwave Background

조지 스무트 외: 《시간의 주름》 • 미국 뉴욕

보이지 않는 우주 p.37

조지 스무트의 주요 저작

《지식의 통합》(2002)

조지 F. 스무트

우주배경복사 탐사선 코비(COBE) 프로젝트의 책임 연구원 조지 스무트(1945~)는 공동연구자 존 C. 매더(1946~)와 함께 2006년 노벨상을 받았다. 스무트는 노벨상 상금을 자선단체에 기부했다고 밝혔다. 그로부터 3년이 흐른 뒤 〈당신은 5학년보다 똑똑합니까?〉라는 미국 TV프로그램에 출연하여 상금 100만 달러(약 10억 원)를 받았다. 현재 그는 우주배경복사와 더불어 암흑 에너지와 적외선 천문학을 연구하고 있다.

138억 년 전에 우주가 시작되었다고 주장하는 빅뱅 이론을 뒷받침하는 물리적 증거는 지난 30년간 나오지 않았다. 그러다 1965년 하늘을 구석구석 가득 채운 희미한 마이크로파가 발견되었다. 이는 빅뱅 이론과 일치하는 것으로, 빅뱅 이론은 그 전파가 약 30만 년 전 우주에서 최초의 원자가 형성되며 방출된 최초의 빛이라고 설명했다. 우주배경복사(CMB)라고 알려지게 된 이 전파는 과학자들이 위성 통신을 연구하기 위해 민감한 무선 수신기를 사용하는 과정에서 우연히 발견되었다. 방출된 최초의 빛은 우주가 팽창하면서 파장이 늘어나 매우 낮은 주파수의 마이크로파가 되었으나, 물질과 에너지가 지금보다 훨씬 더 밀집되어 있었던 초기 우주 구조에 관한 단편적인 정보를 제공한다. 1989년 우주배경복사 탐사선 코비(COBE)는 CMB의 온도 분포를 기준으로 지도를 그렸다. 온도는 대부분 '고루고루' 일정하고 아주 낮았으며, 절대 영도보다 겨우 3.5도 높은 수준이었다. 그런데 코비는 온도의 미세한 불일치를 발견하고, 이후 탐사에서는 온도를 더욱 정밀하게 조사했다. CMB 온도가 높은 지역은 우주가 팽창하면서 은하단이 형성될 위치를 알리는 반면, CMB 온도가 낮은 지역은 현재 넓디넓은 빈 공간이자 팽창하는 광막한 공허이다.

조지 스무트와 존 매더가 우주배경복사를 연구하기에 앞서, 1960년대에 미국 천체 물리학자 아노 펜지어스(왼쪽, 1933~)와 로버트 우드로 윌슨(오른쪽, 1936~)이 뉴저지 홈델의 벨연구소에 설치된 혼 안테나를 사용해 우주배경복사를 우연히 발견했다. 펜지어스와 윌슨은 1978년에 노벨 물리학상을 공동 수상했다.

→ 빅뱅 **p.169** 암흑 물질 **p.175** 망원경 **p.189**

외계 행성 Exoplanets

나사(NASA): 케플러 계획

관련 주요 출판물

마이클 페리먼, 《태양계외 행성 편람》(2018)

태양이 태양계(태양과 태양 주위를 공전하는 행성들이 이루는 체계)를 포함한 우주에서 유일한 항성이라는 주장은 믿기 어려웠다. 하지만 외계 행성('태양계외 행성'이라고도 함) 발견하는 과정은 쉬운 일이 아니다. 외계 행성이 내는 빛은 지구에서 몹시 작고 희미하게 보일 뿐만 아니라, 그 행성 궤도의 중심에 있는 항성이 내뿜는 강렬한 빛에 완전히 가려 사라지기 때문이다.

항성을 공전하는 외계 행성은 분광 기법을 활용하여 1995년 처음 발견했는데, 행성의 중력이 항성을 끌어당기면 항성이 내는 빛에 발생하는 미세한 변화를 감지하는 원리였다. 2009년 미국 항공우주국(NASA)의 케플러 우주망원경은 그와 다른 기법으로 외계 행성을 찾기 위해 우주로 발사되었다. 행성은 공전하면서 항성 앞을 지날 때('통과'라고도 불리는 과정), 빛을 일부 차단하여 항성을 어둡게 만든다. 케플러 우주망원경은 대기에 의한 왜곡에서 벗어나, 하늘의 한 부분을 응시하면서 어두워졌다가 밝아지는 항성을 찾았다. 관측에서 또 다른 태양계가 탐지되었을 수 있으므로, 지구로 귀환한 분광 장치는 외계 행성의 존재를 확인하기에 적합하도록 정비되었다. 항성이 어두워졌다가 밝아지는 현상과 항성의 빛이 흔들리는 정도는 외계 행성의 크기와 궤도를 계산하는 데 사용되었다. 그렇다면 지구와 비슷한 외계 행성은 없었을까? 케플러 우주망원경은 2018년까지 항성 530,506개와 행성 2,662개를 탐지했는데(좀 더 확인이 필요한 관측 결과도 아직 남아 있음), 이들 중 몇몇 행성은 크기가 적당하며 생명이 살 수 있는 궤도에 위치하므로, 지구와 환경이 비슷해 외계 생명체가 거주할 가능성이 있다.

요하네스 케플러

외계 행성을 탐사하는 우주망원경은 독일 천문학자 케플러의 이름을 따서 명명되었다. 케플러는 (다른 천문학자들이 수집한 데이터를 활용하여) 행성 운동 법칙을 수식으로 세우고, 행성이 원형이 아닌 타원형 궤도를 따라 항성 주위를 공전한다는 것을 밝혔다.

고대 천문학자 p.12

콜로라도 볼더에 설립된 인공위성업체 볼에어로스페이스 (Ball Aerospace & Technologies Corporation)의 클린룸에 있는 케플러 우주선, 2008년.

태양계의 기원 **p.179** 망원경 **p.189** 행성 탐사선 **p.215**

암흑 에너지의 발견

Discovery of Dark Energy

애덤 리스, 브라이언 슈미트, 솔 펄머터: 〈초신성 관측으로 발견한 가속 우주와 우주 상수의 증거〉 • 칠레 세로톨롤로 범미주 천문대, 미국 하와이 켁 천문대

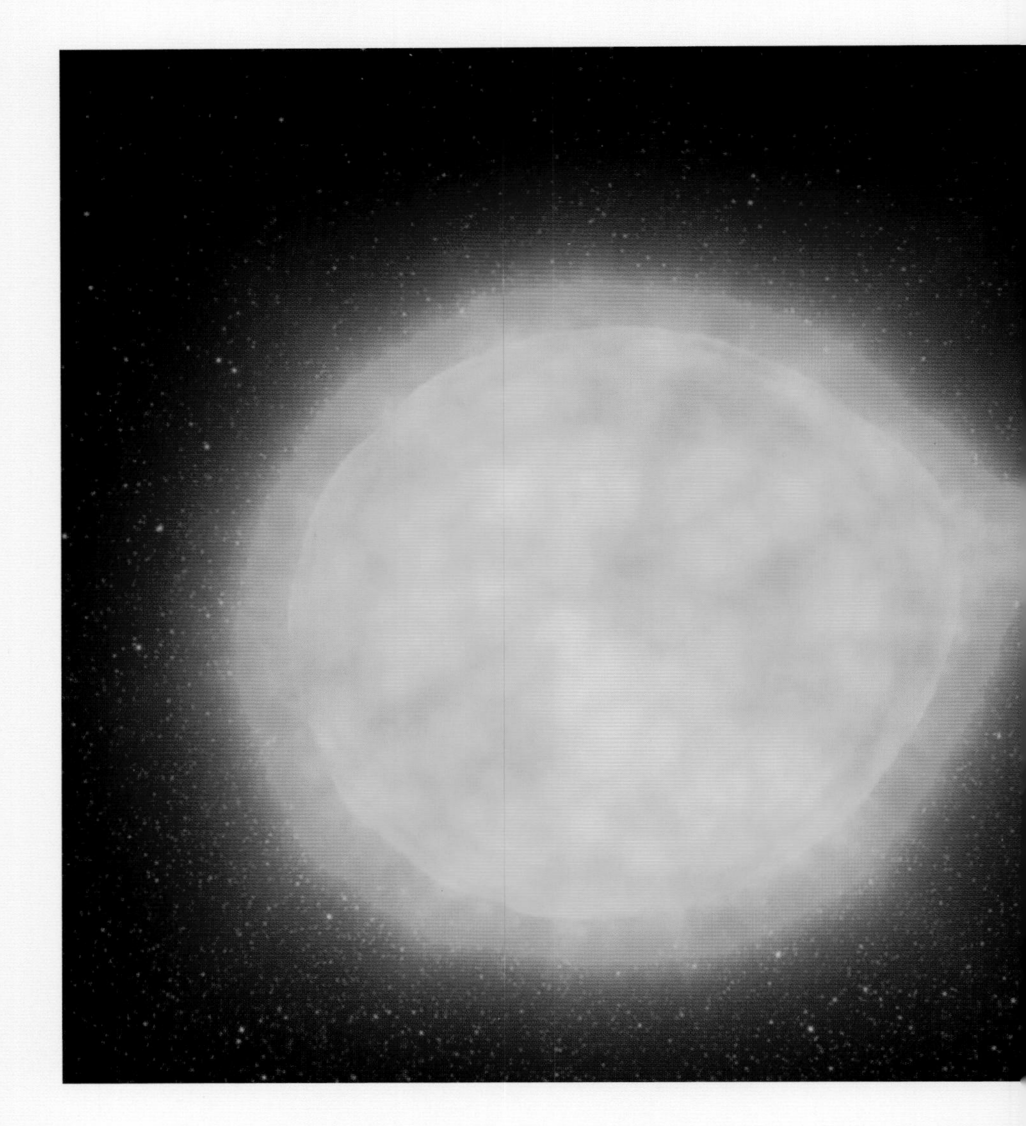

고대 천문학자 **p.12** 우주의 크기 **p.28** 보이지 않는 우주 **p.37**

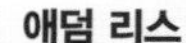

애덤 리스의 주요 저작

《호기심 많은 사람을 위한 물리학: 물리학을 공부하는 이유》(2016)

애덤 리스

암흑 에너지는 본래 두 개의 독자적인 연구를 통해 발견되었는데, 하나는 오스트레일리아인 브라이언 슈미트(1967~)와 미국인 애덤 리스(1969~)에 의해, 다른 하나는 미국인 솔 펄머터(1959~)에 의해 밝혀졌다. 세 학자 모두 2011년 노벨상을 받았다. 리스는 노벨상 이전에도 여러 차례 상을 받은 적 있는데, 2008년에는 맥아더 재단이 수여하는 '천재 장학금' 100만 달러(10억 원)를 받았다.

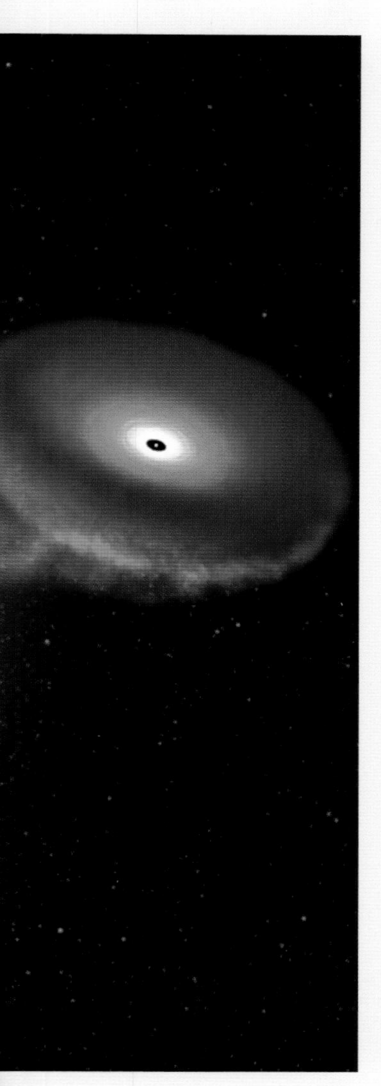

1929년 우주가 팽창하고 있다는 사실을 발견함으로써 빅뱅 이론을 형성하는 데 도움을 주었지만, 그럼에도 커다란 의문을 남겼다. 우주는 영원히 팽창할 것인가, 아니면 모든 별의 중력이 브레이크를 걸고 우주 팽창을 늦추어 언젠가는 팽창이 역방향으로 일어날 것인가.

그 답은 우리가 볼 수 없는 모든 암흑 물질을 포함해 우주의 질량에 다소 좌우된다. 그래서 1990년대 시작된 우주 팽창에 관한 조사에서는 1a형 초신성, 즉 우리 태양을 기준으로 크기가 정확히 1.44배가 되면 폭발하는 별을 참고했다. 천문학자들은 초신성의 크기를 알면 그것의 상대적 밝기(멀리 있을수록 더 어두움)를 토대로 초신성이 얼마나 멀리 떨어져 있는지를 알 수 있다. 우주의 팽창은 또한 도플러 효과를 유발하여 별빛에 적색 편이가 나타난다. 우주의 오래된 부분과 새로운 부분의 팽창률을 비교하면, 우주의 팽창이 점차 느려질 것이라 예상했다. 그러나 1998년 놀랍게도 전반적으로 그와 반대인 현상이 일어나고 있다는 것이 드러났다. 우주 팽창은 가속되고 있는 것이다. 이는 우주의 빈 공간에 저장된 에너지로 여겨지는 암흑 에너지의 신비로운 반중력 효과 때문이다. 우주가 팽창할수록 빈 공간이 증가하고, 그럴수록 우주는 더더욱 팽창하게 된다.

백색 왜성은 태양의 1.44배에 해당하는 질량에 도달하면 자신의 무게를 더는 지탱할 수 없어서 (옆의 그림처럼) 폭발한다.

빅뱅 **p.169** 암흑 물질 **p.175** 인플레이션 우주 **p.176**

라이고 LIGO

2016

킵 손, R. D. 블랜드포드: 《현대고전물리학》 • 미국 뉴저지 프린스턴

1915년 발표한 일반상대성이론에서 아인슈타인은 물체가 주위를 둘러싼 공간을 휘거나 뒤틀리게 한다고 설명했다. 이 이론을 토대로, 우주를 가로지르는 물체가 우주에 파동을 남기리라 예측했다. 일반상대성이론이 발표되고 100년 뒤인 2016년 라이고 연구진은 먼 우주에서 블랙홀 두 개가 충돌하여 발생한 파동, 즉 중력파를 검출했다. 우주에서 파동은 문자 그대로 압축파이자 희박파인데다 측정 장치가 공간을 따라 늘어나거나 압축되는 현상이 발생하는 탓에, 우주 파동은 측정하기가 무척 복잡하다. 라이고(LIGO)는 레이저간섭계중력파관측소(Laser Interferometer Gravitational-Wave Observatory)의 줄임말로, 이름에서 알 수 있듯이 레이저를 사용해 파장을 감지한다. 레이저를 쏘면 직각을 이루는 두 개의 빛줄기로 갈라져 길이 4킬로미터 터널을 따라 나아간다. 각 터널 끝에는 거울이 있어서 빛을 반사한다. 한 거울은 다른 거울보다 레이저 파장의 절반 길이(수십억 분의 1미터) 만큼 더 멀리 놓여있다. 그래서 검출기에 도착한 두 빛줄기는 완벽하게 보강되지 않고 상쇄 간섭을 일으킨다. 여기에 중력파가 지나가게 되면 터널 하나와 그 터널을 지나는 빛줄기가 늘어나면서 빛 파장도 변화한다. 그 결과 검출기로 돌아온 두 빛줄기는 상쇄되지 않고 합쳐지며 중력파의 존재를 알린다. 현재 라이고는 천체의 중력을 활용하여 우주를 관찰하는 망원경으로 쓰일 수 있도록 성능이 개선되는 중이다.

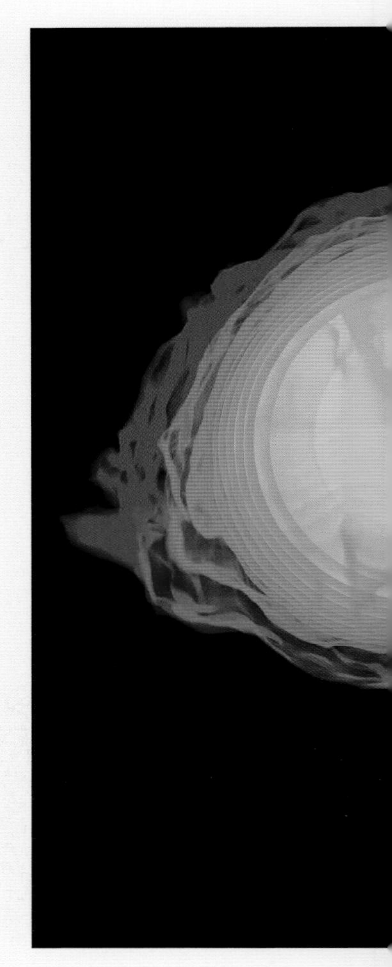

한 쌍의 중성자별이 충돌하고 융합하여 블랙홀이 생성되고 있다.

킵 손

유타 출신인 킵손(1940~)은 레이저 간섭계를 발명한 라이너 바이스(1932~), 배리 배리시(1936~)와 함께 라이고를 연구한 공로로 2017년 노벨상을 받았다. 1984년 라이고 프로젝트를 구상한 설립자이자, 블랙홀과 웜홀을 탐구하는 세계적인 전문가이기도 하다. 2014년 개봉한 블랙홀과 웜홀 개념을 다룬 과학 영화 〈인터스텔라〉에서 과학 자문을 맡기도 했다.

고대 천문학자 p.12 우주의 크기 p.28

킵 손의 주요 저작

《블랙홀과 시간 여행: 아인슈타인의 찬란한 유산》(1994)
《인터스텔라의 과학》(2014)

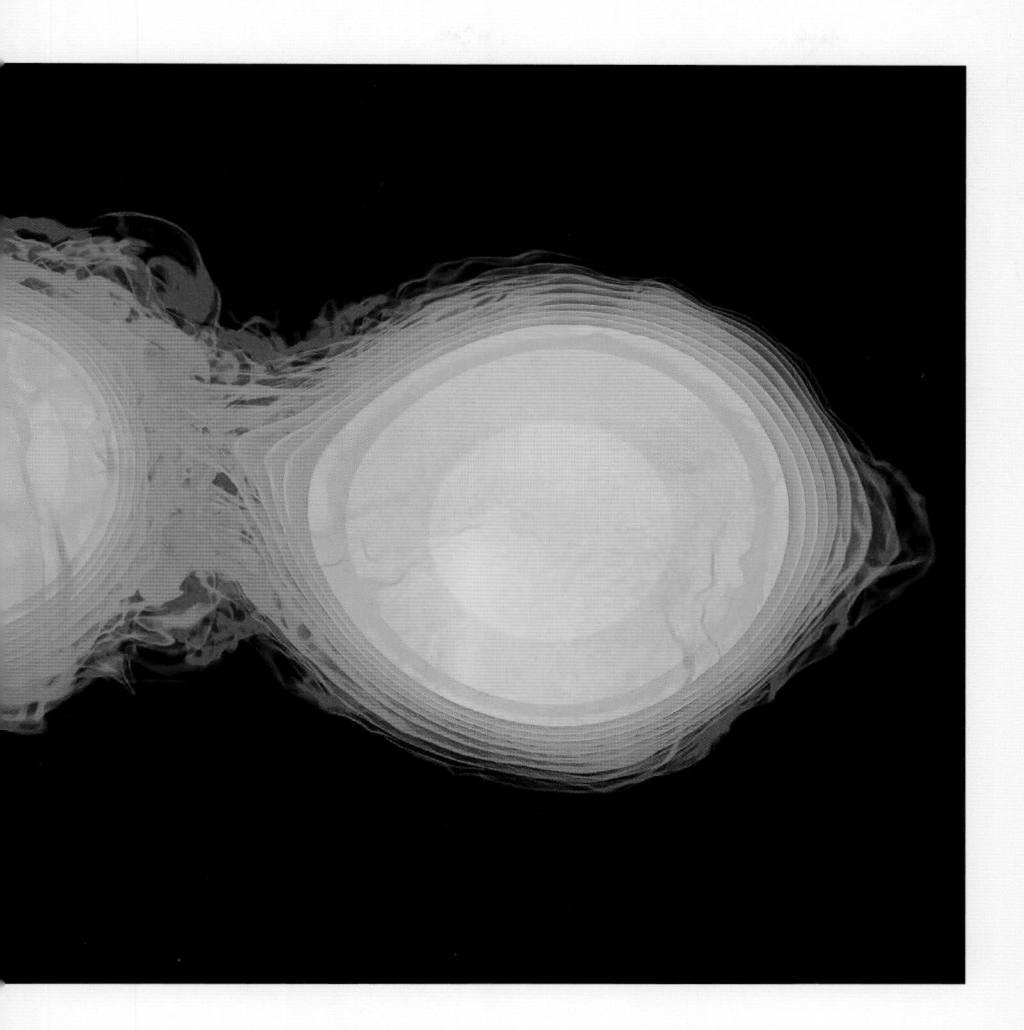

만유인력 **p.158** 상대성이론 **p.163** 망원경 **p.189**

THEORIES

이론

판스페르미아설 Panspermia

주요 과학자: 아낙사고라스

생명의 기원은 무엇일까? 판스페르미아설은 지구의 첫 번째 생명체, 아니면 적어도 생명체를 발현시킨 복잡한 과학적 구성 요소들이 우주에서 왔다고 주장한다. 이 가설은 놀랄 만큼 오래된 것으로, 그리스 철학자 아낙사고라스(기원전 500~428년경)가 처음 제안했다. 아낙사고라스의 의견은 생명체가 하늘에서 쏟아지는 불타는 유성을 타고 지구로 왔다는 것이었다. 이 가설은 아낙사고라스 이후 거의 언급되지 않았으나 생화학, 유전학, 그리고 진화에 대한 지식이 발전하는 동안 거듭 구체화되었다. 판스페르미아설의 기초는 DNA 같은 복잡한 화학 물질이 자발적으로 형성될 수 없다는 것인데, 이는 밀러–유리 실험 결과와 정면으로 충돌한다(p.140 참조). 그러나 판스페르미아설의 가장 최근 견해에 따르면 무기영양세균(무기물을 먹는 미생물)이 운석의 얼어붙은 중심부 안에 갇혀 지구로 날아왔고 지표면 충돌에서도 살아남았다고 한다. 세포 생물이 태양계 어딘가에서 우리가 모르는 방식으로 발생했다는 주장을 누군가가 기꺼이 받아들인다고 해도, 이는 그리 황당한 일이 아니다.

중요한 진전

식물은 독립영양생물(스스로 영양물질을 합성해 살아가는 생물)이고 동물은 종속영양생물(다른 유기 화합물을 섭취하는 생물)인 반면, 무기영양세균은 바위의 철, 황, 질소 화합물을 에너지 공급원으로 삼는 비교적 단순한 단세포 미생물이다. 무기영양세균은 지구 지각으로부터 적어도 3킬로미터 밑에서 발견되며, 지구 생물량의 절반을 차지할 수도 있다.

1783년에 제작된 이 동판화는 영국 뉴어크온트렌트 상공에서 유성우가 내리는 장관을 묘사하고 있다.

그리스 철학자 p.13 생명의 기원 p.140 이중 나선 p.142

운동 법칙 Laws of Motion

주요 과학자: 아이작 뉴턴 • 갈릴레오 갈릴레이

아이작 뉴턴은 1687년 발표한 명저 《자연 철학의 수학적 원리》에서 빛부터 행성에 이르는 모든 사물이 세 가지 운동 법칙의 지배를 받는 '시계태엽장치 우주'를 제시했다. 운동 제1법칙은 외부 힘이 작용하지 않는 한 물체가 정지 상태이거나 일정한 속도로 운동한다는 것이다. 운동 제2법칙은 힘=질량×가속도(F=ma) 공식을 토대로, 같은 크기의 힘을 가하면 질량이 큰 물체보다 질량이 작은 물체에 더 큰 가속도가 붙는다고 설명한다(다시 말해, 강한 힘을 가할수록 물체는 더 멀리 움직인다). 가장 빈번하게 인용되는 세 번째이자 마지막 법칙은 '모든 작용에는 언제나 크기는 같지만 방향은 반대인 반작용이 있다'라고 설명한다. 운동 제3법칙은 오늘날 널리 그리고 느슨하게 해석되고 있지만, 뉴턴은 어떤 물체에 힘을 가하면 그 물체에는 힘의 세기가 같고 방향이 반대인 힘이 작용한다고 밝혔다. 그래서 무거운 물체를 밀면 우리는 뒤로 밀리지만, 물체는 가만히 정지해있는 것이다.

[1]

PHILOSOPHIÆ
NATURALIS
Principia
MATHEMATICA.

Definitiones.

Def. I.

Quantitas Materiæ eſt menſura ejuſdem orta ex illius Denſitate & Magnitudine conjunctim.

AEr duplo denſior in duplo ſpatio quadruplus eſt. Idem intellige de Nive et Pulveribus per compreſſionem vel liquefactionem condenſatis. Et par eſt ratio corporum omnium, quæ per cauſas quaſcunq; diverſimode condenſantur. Medii interea, ſi quod fuerit, interſtitia partium libere pervadentis, hic nullam rationem habeo. Hanc autem quantitatem ſub nomine corporis vel Maſſæ in ſequentibus paſſim intelligo. Innoteſcit ea per corporis cujuſq; pondus. Nam ponderi proportionalem eſſe reperi per experimenta pendulorum accuratiſſime inſtituta, uti poſthac docebitur.

B Def.

뉴턴의 가장 중요한 저작인 《자연 철학의 수학적 원리》 영문 초판의 첫 번째 페이지.

중요한 진전

운동은 언제나 다른 운동에 상대적이다. 지구에서의 운동은 일반적으로 지구 표면에서 일어나는데, 우리는 편의상 지구 표면이 늘 정지한 상태라고 간주한다. 물론 태양이나 은하 중심부를 기준으로 한다면 우리 지구는 엄청난 속력으로 돌진하고 있다. 이러한 지동설은 갈릴레오가 최초로 주장한 이래 뉴턴이 개선하고 다시 아인슈타인이 다듬었는데, 뉴턴이 주장한 우주가 빛을 포함한 다른 물리적 현상과 조화를 이루지 못한다고 밝혀졌기 때문이다.

과학 혁명 p.18 진자의 법칙 p.52 중력 가속도 p.55 지구의 무게 p.74

만유인력 Universal Gravitation

주요 과학자: 아이작 뉴턴

아이작 뉴턴은 짧게 줄여 《프린키피아》라고도 부르는 1687년의 저서 《자연 철학의 수학적 원리》에서 세 가지 운동 법칙을 기술했을 뿐만 아니라, 만유인력이라는 완벽한 이론을 제시했다. 만유인력은 사과가 나무에서 떨어지도록 만드는 힘이 달과 행성을 궤도에 고정하는 힘과 동일하다고 설명한다. 뉴턴의 위대함은 중력이 모든 물체 사이에 작용하므로 지구는 사과를 당기고 사과는 지구를 당긴다는 개념을 깨달았다는 점이다. 지구는 사과보다 질량이 훨씬 커서 사과의 중력을 압도하므로, 최종적으로 사과가 지구를 향해 끌려간다. 중력은 또한 역제곱 법칙에 지배받기 때문에, 두 물체 사이의 거리가 두 배 멀어지면 두 물체 사이에 작용하는 중력은 4배 감소한다. 따라서 중력의 영향은 금세 사라진다. 물체 간의 거리가 10배 멀어지면 중력은 기존 중력의 1퍼센트로 낮아진다. 뉴턴은 만유인력 법칙을 기반으로 포물선을 그리며 날아가는 발사체의 경로를 설명했는데, 만약 발사체가 충분한 속도로 날아간다면 궤도 운동을 하거나 지구 중력에서 완전히 벗어날 수 있다는 것을 증명했다.

중력 이론을 수학 공식으로 처음 기술한 아이작 뉴턴의 초상화. 1715~1720년에 제작.

주요 발전 사항

뉴턴은 연구 성과를 비밀에 부치기를 즐겼는데, 그로 인해 누가 새로운 발견을 먼저 해냈는지를 따지는 우선순위 논쟁이 이따금 반복되었다. 뉴턴과 고트프리트 라이프니츠(1646~1716)는 누가 미적분을 발명했는지를 두고 다투었는데, 이들의 불화가 과학 기득권층에 균열을 일으켰다. 중력을 기술하는 역제곱 법칙의 발명의 우선순위를 놓고 뉴턴에게 감히 도전장을 내민 인물은 로버트 훅이었다. 영국에서 수많은 업적을 남긴 과학자이자 라이벌이었던 로버트 훅이 사망한 뒤, 뉴턴은 훅의 연구 성과를 은폐했다.

과학 기관의 출현 p.19 우주 경쟁 p.32 중력 가속도 p.55 훅의 법칙 p.62

원자론 Atomic Theory

주요 과학자: 데모크리토스 • 존 돌턴

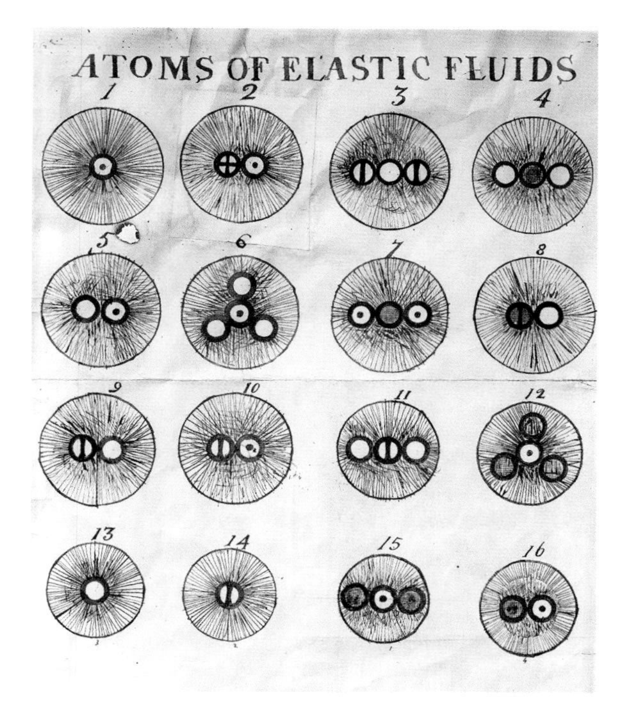

중요한 진전

1808년 존 돌턴은 원자론을 확립하고, 이를 바탕으로 일정 성분비 법칙을 설명했다. 돌턴 이전의 화학자들은 원소가 다른 원소와 특정 무게 비율에 맞춰 결합해 화합물을 생성한다는 것을 발견했다. 이를 두고 돌턴은 원소의 원자가 일정한 조합을 이루어 서로 결합하기 때문이라고 제안했는데, 이 결합물이 오늘날 분자로 밝혀졌다.

이 삽화에는 존 돌턴이 1925년에 정립한 일련의 원자 공식이 나타나 있는데, 돌턴의 이론은 서로 다른 원소의 원자들이 무게 차이로 구별된다는 개념에 바탕을 둔다.

원자라는 단어는 '더는 쪼갤 수 없는'을 의미하는 고대 그리스어에서 유래했고, 더는 쪼갤 수 없는 아주 작은 단위라는 개념은 고대부터 전해져 내려왔다. 이러한 개념은 공간과 운동의 본질에 대한 철학적 의문에서 출발했지만, 이후 데모크리토스(기원전 460~370년경)가 물질의 성질을 설명하면서 그 개념을 활용했다. 이를테면 어느 원자는 갈고리처럼 생겨서 서로 뭉쳐 있고, 다른 원자는 뾰족해서 만지면 고통스러웠다.

원자는 1800년대 초까지 가상의 실체로 남아있었다. 그러던 중 대기압과 날씨 사이의 관련성에 주로 관심이 있었던 존 돌턴(1766~1844)이 기체가 혼합된 상태에서도 독립적으로 거동하며, 각각의 기체가 가하는 부분 압력을 전부 더하면 전체 압력이 된다는 증거를 발견했다. 그러한 현상이 일어나는 이유는 기체가 아주 작지만 제각기 뚜렷하게 구별되는 고유의 단위, 아마도 입자 또는 미립자로 이루어졌기 때문이라고 설명하면서, 그 입자의 이름으로 '원자'라는 기존 용어를 썼다.

연금술 p.15 화학의 태동 p.20 기체 법칙 p.60 브라운 운동 p.90 전자의 발견 p.114

열역학 법칙 Laws of Thermodynamics

주요 과학자: 제임스 프레스콧 줄 • 켈빈 경 • 헤르만 폰 헬름홀츠

열역학은 에너지의 작용을 다루는 물리학 분야이다. 수백 년간 열과 빛이 물질이라는 그릇된 지식이 이어지다가, 1800년대에 열역학에 관한 세 가지 근본적인 법칙이 정립되었다. 에너지는 물질이 아니라 일을 하는 능력이며, 물리학자에게 일이란 물체에 힘을 가하여 힘의 방향으로 움직이게 만드는 것이다(그리고 힘은 일이 완료되는 속도이다). 에너지는 일을 하기 위해 다양한 형태로 전환되는데, 이는 열역학 제1법칙과 관련이 있다. 즉, 에너지는 생성되거나 파괴될 수 없으며 운동, 빛, 소리와 같은 다른 형태로의 전환만 가능하다. 열역학 제2법칙은 고립계에서 엔트로피가 시간이 흐를수록 증가한다고 밝힌다. 이 법칙은 에너지 전달을 복잡한 통계에 기반을 두고 설명하는데, 에너지는 기본적으로 늘 분산되고 확산한다. 열역학 제3법칙에 따르면 최저 온도는 절대 0도(0켈빈, 섭씨 −273.15도)이다. 절대 0도까지 온도를 낮추려면 한없이 큰 냉장고와 무한한 시간이 필요하므로, 절대 0도에 도달하기는 불가능하다.

제1대 켈빈 남작 윌리엄 톰슨(1824~1907)이 제안한 온도 척도는 국제 표준 단위(SI unit)로 채택되었고, 오늘날은 그의 이름을 따서 켈빈 온도라고 불린다.

중요한 진전

열역학 제0법칙은 다른 열역학 법칙보다 먼저 알려져 제0법칙으로 번호가 매겨졌지만, 열역학 제1법칙이 확립된 이후에 법칙 목록에 추가되었다. 열역학 제0법칙은 두 개의 연결된 계(system)가 열평형 상태에 이르게 된다고 설명하는데, 이를 더욱 간단히 말하자면 뜨거운 공간과 차가운 공간 둘 다 결국에는 같은 온도가 된다는 의미이다.

새로운 물리학 p.27 기체 법칙 p.60 카르노 순환 p.89

자연 선택에 의한 진화
Evolution by Natural Selection

주요 과학자: 찰스 다윈 • 앨프리드 러셀 월리스 • 장 바티스트 라마르크

진화론은 인간이 스스로를 이해하고자 했던 과학 연구에 크게 기여했으며, 결과적으로는 격렬한 논쟁을 불러왔다. 암석과 화석에 남은 증거들은 지구가 실제로 매우 오래되었으며, 오늘날 지구에서 살아가는 유기체가 과거의 유기체와 다르다는 사실을 가르쳐준다. 더구나 새로운 형태의 생명체는 오래된 생명체로부터 진화한 것이다. 이러한 현상이 가능한 까닭은 무엇일까? 찰스 다윈은 1859년 발표한 저서 《종의 기원》에서 이 질문에 대한 답을 제시했다. 다윈은 한 개체가 다른 개체보다 생존 환경에 더욱 잘 적응하는 등 같은 종이어도 개체마다 큰 차이가 있다고 보았다. 자연은 수명이 길고 번식력이 좋은 개체를 선택했고, 환경에 적합하지 않은 개체들은 번식하지 못하고 죽었다. 자연 선택은 대대손손 생존에 유리한 특성은 전달되고 경쟁력 없는 특성은 제거되도록 한다. 변이는 멈추지 않고 새로운 특성은 늘 탄생하기 때문에, 자연 선택 또한 항상 작동하여 지구상 모든 생명체를 점진적으로 변화시킨다.

중요한 진전

다윈의 이론은 난데없이 불쑥 등장한 것이 아니다. 다윈의 할아버지 이래즈머스 다윈(1731~1802)은 생존 욕구가 적자에게 유리하게 작동하는 방식에 주목했다. 이래즈머스와 동시대에 활동한 장 바티스트 라마르크(1744~1829)는 대장장이의 굳은살 박인 손이나 근육처럼 살아가면서 획득되어 후대에 전달되는 형질을 통해 진화가 일어난다고 주장했다. 앨프리드 러셀 월리스(1823~1913)는 찰스 다윈과 거의 같은 이론을 제시했고, 두 사람은 아이디어 중 일부를 공동 출판했다.

1874년 제작된 이 풍자화가 보여주듯이, 인간이 유인원과 관련이 있다는 아이디어는 처음엔 널리 환영받지 못했다.

유전자의 존재 **p.106** 염색체의 기능 **p.109** 생명의 기원 **p.140** 이중 나선 **p.142**

주기율표 The Periodic Table

주요 과학자: 드미트리 멘델레예프

ПЕРИОДИЧЕСКАЯ СИСТЕМА ЭЛЕМЕНТОВ

		ГРУППЫ ЭЛЕМЕНТОВ										
		I	II	III	IV	V	VI	VII	VIII			0
1	I	H 1 1,008										He 2 4,003
2	II	Li 3 6,940	Be 4 9,02	5 B 10,82	6 C 12,010	7 N 14,008	8 O 16,000	9 F 19,00				Ne 10 20,183
3	III	Na 11 22,997	Mg 12 24,32	13 Al 26,97	14 Si 28,06	15 P 30,98	16 S 32,06	17 Cl 35,457				Ar 18 39,944
4	IV	K 19 39,096	Ca 20 40,08	Sc 21 45,10	Ti 22 47,90	V 23 50,95	Cr 24 52,01	Mn 25 54,93	Fe 26 55,85	Co 27 58,94	Ni 28 58,69	
	V	29 Cu 63,57	30 Zn 65,38	31 Ga 69,72	32 Ge 72,60	33 As 74,91	34 Se 78,96	35 Br 79,916				Kr 36 83,7
5	VI	Rb 37 85,48	Sr 38 87,63	Y 39 88,92	Zr 40 91,22	Nb 41 92,91	Mo 42 95,95	Ma 43 —	Ru 44 101,7	Rh 45 102,91	Pd 46 106,7	
	VII	47 Ag 107,88	48 Cd 112,41	49 In 114,76	50 Sn 118,70	51 Sb 121,76	52 Te 127,61	53 J 126,92				Xe 54 131,3
6	VIII	Cs 55 132,91	Ba 56 137,36	La 57 * 138,92	Hf 72 178,6	Ta 73 180,88	W 74 183,92	Re 75 186,31	Os 76 190,2	Ir 77 193,1	Pt 78 195,23	
	IX	79 Au 197,2	80 Hg 200,61	81 Tl 204,39	82 Pb 207,21	83 Bi 209,00	84 Po 210	85 —				Rn 86 222
7	X	87 —	Ra 88 226,05	Ac 89 227	Th 90 232,12	Pa 91 231	U 92 238,07					

* ЛАНТАНИДЫ 58–71

Ce 58 140,13	Pr 59 140,92	Nd 60 144,27	61 —	Sm 62 150,43	Eu 63 152,0	Gd 64 156,9
Tb 65 [illegible]	Dy 66 162,46	Ho 67 164,94	Er 68 167,2	Tu 69 169,4	Yb 70 173,04	Cp 71 174,99

러시아의 키릴 문자로 작성된 원소 주기율표, 1925년.

주기율표는 과학에서 밝혀진 모든 원소를 도표로 나타낸 것이다. 화학적 성질이 유사한 원소들을 묶어서 한눈에 파악할 수 있도록 정보를 제공한다. 주기율표 형식에는 각 원소가 지닌 독특한 아원자 구조의 차이가 반영되어 있는데, 이는 원자가 전자·양성자·중성자로 어떻게 구성되었는지 밝혀지기 전인 1896년 드미트리 멘델레예프(1834~1907)가 정립했다. 멘델레예프는 가장 가벼운 수소부터 시작하여 원자량(원자의 무게)이 증가하는 순서대로 원소의 위치를 정했다. 그리고 원소의 결합력에서 반복적, 다른 말로 주기적으로 드러나는 패턴을 주기율표에 도입했다. 일반적인 형태의 주기율표에는 7개의 행(주기)과 18개의 열(족)이 있다. 같은 주기에 속하는 원소들은 원자 크기가 유사하고, 이온화 에너지와 전기적 특성에서 주기성이 드러난다. 같은 족에 속하는 원소들은 일반적으로 최외각 전자의 배치가 같다.

중요한 진전

멘델레예프는 주기율표를 토대로 아직 발견되지 않은 원소의 속성을 예측했는데, 그 예측이 거의 정확하게 맞아떨어지면서 주기율표의 가치가 입증되었다. 주기율표가 만들어지고 거의 50년 이후 아원자 구조와 주기율표 사이의 연관성이 밝혀지면서 그토록 예측이 정확할 수 있었던 이유가 드러났다. 주기율표의 주기는 원자를 둘러싼 전자껍질과 같다. 전자껍질이 전자로 가득 채워지면, 다음 껍질이 채워지면서 새로운 주기가 시작된다.

화학의 태동 **p.20** 방사능의 발견 **p.112** 전자의 발견 **p.114** 원자핵 **p.126** 원자론 **p.159**

상대성이론 Relativity

주요 과학자: 알베르트 아인슈타인

1921년에 촬영한 알베르트 아인슈타인. 그는 그해 노벨 물리학상을 받았다.

중요한 진전

아인슈타인은 1905년에 특수상대성이론을 발표했다. 1916년에는 상대성이론을 일반화하여, 지금도 물리학을 지탱하는 두 가지 이론 중 하나로 꼽히는 일반상대성이론을 제시했다(다른 하나는 양자 역학). 일반상대성이론은 중력 이론을 포함한다. 모든 에너지는 질량이 고도로 압축된 형태로 공간을 왜곡한다. 그러한 왜곡된 공간에 새로운 질량이 진입하면 공간에 있던 기존 질량 쪽으로 새로운 질량의 직선 경로가 구부러져서, 새로운 질량이 기존 질량으로 향하는 것처럼 보인다.

20세기 초 몇몇 원로 물리학자는 우주가 어떻게 작동하는지 어느 정도 알아냈다고 믿었고, 이론과 관찰 사이에 존재하는 모든 차이는 인간이 일으키는 실수와 부정확한 장치에서 나온다고 보았다. 그런데 아마추어 물리학자 알베르트 아인슈타인은 납득이 가지 않았다. 그는 뉴턴의 법칙에 따라 모든 사물이 운동해야 하는 우주에서는 속력이 상대적이어야 하는데, 빛의 속력은 어떻게 항상 일정할 수 있는지 궁금했다. 다가오는 기차의 앞머리에서 뿜어져 나오는 빛이 선로 옆의 정지 광원에서 나오는 빛과 동시에 관찰자에게 도달하는 이유는 무엇일까? 뉴턴의 우주에서는 기차의 불빛이 더 빠르게 도달해야 한다. 아인슈타인은 특수상대성이론으로 이를 설명했는데, 우주 공간을 빠르게 이동하는 질량(이를테면 기차)은 시간이 느려진다. 따라서 느려진 시간의 흐름을 통과하는 기차에서는 빛이 뿜어져 나와도 우주의 제한 속력, 즉 빛의 속력을 위배하지 않게 된다.

새로운 물리학 **p.27** 보이지 않는 우주 **p.37** 브라운 운동 **p.90** 에테르 존재의 부정 **p.108**
전자기파의 발견 **p.110** 라이고 **p.152** 운동 법칙 **p.157**

판 구조론 Plate Tectonics

주요 과학자: 알프레트 베게너 • 마리 타프

미국 컬럼비아대학교 라몬트-도허티 지구 관측소의 라몬트 홀에 설치된 도면 책상 앞의 마리 타프, 1961년경.

16세기 후반 역사상 최초로 정밀한 세계지도가 제작되자, 지리학자들은 대륙이 바다를 사이에 두고 떨어져 있지 않았다면 서로 맞물렸을 듯한 거대한 직소 퍼즐 조각처럼 보인다는 사실을 언급하기 시작했다. 대륙들이 한때 서로 연결되어 있다가 지구의 힘을 받아 갈라지게 된 것은 아닐까? 이러한 예측은 1900년대 초 알프레트 베게너(1880~1930)가 추진한 연구로 그 신빙성이 뒷받침되었다. 베게너는 대서양 양쪽 해안선의 암석층을 관찰하여 나이와 구조가 같다는 것을 밝혔다. 양쪽 해안의 암석층은 같은 시간과 장소에서 생성되었다. 이 '대륙 이동설'이라는 개념을 판 구조론으로 구체화하는 과정에는 40년이 소요되었다. 판 구조론에 따르면 지구의 지각은 수십 개의 조각, 다른 말로 판으로 갈라졌다. 이러한 판들은 지구 내부의 유동성 있는 융해된 맨틀 위에 떠 있다. 판 사이의 몇몇 경계에서는 판이 벌어지는 사이로 융해된 암석(마그마)이 분출한다. 마그마가 판 사이의 틈을 메우면 새로운 지각이 생성되는 것이다. 다른 '활동형' 경계에서는 하나의 판이 다른 판 아래로 내려가 맨틀 속으로 가라앉으며 융해된다.

중요한 진전

판 구조론(plate tectonics, 여기서 'tectonics'는 '건물과 관련 있는'이라는 의미) 분야는 1953년에 대서양 중앙 해령을 발견하면서 비약적으로 발전했다. 지질학자 마리 타프(1920~2006)는 음파탐지기를 이용해 대서양의 해저 지형을 지도로 그렸고, 그 결과 대서양 한가운데를 남북으로 가로지르는 광대한 해령이 있다는 사실이 드러났다. 이 해령은 훗날 두 지각판이 벌어지는 중요한 경계로 규명되었다.

지질학과 지구 과학 p.23 지구의 크기 p.44

네 가지 기본 힘 Four Fundamental Forces

주요 과학자: 아이작 뉴턴 • 알베르트 아인슈타인 • 마리 퀴리 • 머리 겔만

물리학은 우주에서 일어나는 모든 활동을 네 가지 기본적인 상호 작용, 즉 기본 힘의 효과로 요약한다. 기본 힘 중에서 가장 친숙한 것은 중력이다. 중력은 가장 약한 힘이지만 가장 먼 거리, 즉 우주의 무한한 범위에 걸쳐 작용한다. 중력은 질량을 가진 모든 물체에 작용하는 인력으로, 중력의 세기는 질량에 비례한다. 따라서 블랙홀과 같은 거대한 물체의 중력은 다른 물체를 강력하게 끌어당긴다. 다음으로 전자기력은 중력보다 10^{22}배 더 강하지만, 중력만큼 광범위한 규모로 작용하지 않는다. 전자기력의 특징은 '서로 반대면 끌리고 같으면 밀어낸다'라는 구절로 표현된다. 전기력과 자기력보다 뒤늦게 밝혀지긴 했으나, 전자기력은 근본적으로 원자 내에서 음전하를 띤 전자와 양전하를 띤 양성자를 한데 묶어 화학 결합을 유지하는 힘이다. 나머지 두 힘, 강한 상호 작용과 약한 상호 작용은 원자핵 내부의 좁은 범위 내에서만 작용한다. 강한 상호 작용(네 가지 기본 힘 중에서 가장 강한 힘)은 양성자와 중성자(그리고 그 안의 쿼크 입자)를 고정시키고 모든 것을 하나로 묶어 주는 반면에, 약한 상호 작용은 원자핵이 불안정해지면 입자를 방출하여 방사성 붕괴를 일으킨다. 2021년 시카고 인근에서 연구하던 물리학자들은 뮤온(무거운 전자와 같은 아원자 입자)이 네 가지 기본 힘으로는 설명할 수 없는 방식으로 작용한다는 것을 발견했다. 이 발견은 자연에 다섯 번째 힘이 있음을 암시하지만, 실제로 이것이 사실인지 아닌지 말하려면 더 많은 연구가 진행되어야 한다.

중요한 진전

전자기력과 강한 상호 작용 및 약학 상호 작용은 대통일 이론(GUT)으로 설명되는데, 이 이론은 극초기 우주에서는 세 가지 힘이 모두 하나였음을 암시한다. 극초기 우주는 온도가 아주 높아서 첫 10^{-36}(0.000000000000000000000000000000000001)초 동안 세 가지 힘이 전자핵력처럼 작용했다. 대통일 이론에 따르면 이후에 강한 상호 작용이 분리되고, 전자기력과 약한 상호 작용은 계속 통합되어 있다가 더 낮은 에너지 상태에서 분리되었다. 대통일 이론에 중력을 포함하는 방법을 찾으려는 연구는 여전히 진행되고 있다.

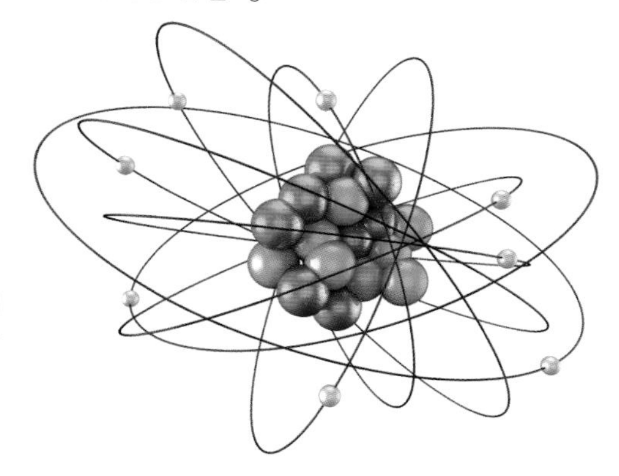

8개의 양성자와 8개의 중성자를 중심으로 8개의 전자가 궤도 운동하는 산소 원자 모형.

→ 표준 모형 **p.174** 가이거-뮐러 계수관 **p.191** 입자 가속기 **p.199**

불확정성 원리 Uncertainty Principle

주요 과학자: 베르너 하이젠베르크 • 루이 드 브로이 • 막스 보른

불확정성 원리는 베르너 하이젠베르크(왼쪽 사진, 1960년대 후반)가 주창했기에, 종종 하이젠베르크의 불확정성 원리라고도 불린다. 하이젠베르크는 수학적 도구를 활용해 아원자 세계를 설명하고 이해하면서 양자 역학의 발전을 이끌었다.

빛이 파동인 동시에 입자처럼 움직인다는 생각이 터무니없는 말은 아니라는 듯, 1924년 프랑스의 이론물리학자 루이 드 브로이(1892~1987)는 빛 입자인 광자뿐만 아니라 모든 아원자 입자가 파동인 동시에 입자처럼 움직인다고 제안했다. 빛의 파동으로 전달되는 에너지가 빛의 주파수와 파장으로 표현된다는 것은 이미 밝혀진 사실로, 드 브로이는 모든 입자를 '파동의 형태'로 취급하면 에너지와 위치를 포함한 여러 물리적 성질을 같은 방식으로 표현할 수 있다고 주장했다.

1927년 조지 톰슨(J. J. 톰슨의 아들)은 전자가 파동처럼 움직인다는 것을 증명했다. 이와 동시에 독일의 두 물리학자 베르너 하이젠베르크(1901~1976)와 막스 보른(1882~1970)은 입자의 파동 형태가 작동하려면 확률(가능성을 수학적으로 나타내는 방식)로 해석해야 한다는 것을 발견했다. 이는 입자의 위치가 확정되면, 입자의 운동량은 추정값만 알 수 있음을 뜻했다(그 반대도 마찬가지다). 위치가 정확할수록 운동량 추정치는 더욱 불확실해진다. 이러한 가설은 양자의 다른 성질과도 관련이 있으며, 불확정성 원리로 알려지게 되었다.

중요한 진전

불확정성 원리에 따르면 입자는 두 가지 이상의 상태에 동시에 놓이는 기이한 성질을 지니게 되는데, 이는 중첩으로 알려져 있다. 입자는 문자 그대로 한 번에 둘 이상의 위치에 존재할 수 있고, 측정으로 인해 파동의 형태가 '붕괴'되면 특정 위치로 확정된다. 양자 역학의 불확정성은 인과 관계에 혼란을 일으키는데, 한 가지 원인이 다수의 결과에 영향을 미칠 수 있으며 어떠한 사건이 발생하는가는 오직 우연에 의해서만 결정되기 때문이다.

새로운 물리학 **p.27** 이중 슬릿 실험 **p.86** 분광학 **p.102** 전자기파의 발견 **p.110**
전자의 발견 **p.114** 파동-입자 이중성 **p.128**

양자 물리학 Quantum Physics

주요 과학자: 막스 플랑크 • 알베르트 아인슈타인 • 닐스 보어

양자 물리학은 전자와 양성자를 연구하는 과정에서 탄생했다. 1900년대 초 막스 플랑크(1858~1947)는 물체의 에너지 방출(빛과 열 또는 다른 복사선 형태)을 이치에 맞게 설명하려면 에너지가 작은 꾸러미, 즉 양자 덩어리여야 한다는 것을 발견했다. 양자 덩어리는 크기가 균일하지 않고 다양하지만, 한 개의 양자는 에너지를 제거하거나 더해서 크기를 바꿀 수 없다. 1905년 아인슈타인은 광자라는 입자를 통해 양자가 전달되며, 빛이 파동인 동시에 입자의 흐름처럼 거동한다는 가설을 도출했다(각 광자의 에너지는 빛의 파장과 색을 결정한다). 아인슈타인의 가설은 이후 닐스 보어(1885~1962)가 확립했는데, 보어는 원자가 특정 크기의 에너지 꾸러미만 흡수하고 방출하는 현상을 발견했다. 이러한 현상은 특정 원소의 원자가 항상 고유한 색상의 빛스펙트럼(눈에 보이지 않는 복사선도 포함)을 방출하는 이유를 설명한다.

중요한 진전

보어의 원자 모형은 원자의 거동 방식을 밝히면서 전자 궤도 개념을 도입했다. 전자 궤도란 원자핵을 둘러싼 에너지 준위로, 특정한 수의 전자를 수용할 수 있으며 고유 에너지값을 지닌다. 각 준위의 정확한 에너지값은 원자의 종류에 따라 다르다. 원자는 알맞은 양의 에너지를 운반하는 광자와 충돌하면 그 광자를 흡수하는데, 이를 통해 전자는 더 높은 에너지 준위의 궤도로 '양자 도약'하게 된다. 도약한 전자는 원위치로 돌아오면서 광자의 형태로 에너지를 다시 방출한다.

1923년 촬영한 닐스 보어의 사진. 그는 양자 역학에 대한 코펜하겐 해석의 지지자였는데, 코펜하겐 해석에 따르면 모든 물리적 성질은 여러 가지 상태 중에서 우연히 하나의 상태로 확정된다.

우주의 크기 p.28 이중 슬릿 실험 p.86 분광학 p.102 전자의 발견 p.114
전하량 측정 p.120 파동-입자 이중성 p.128

원자가 결합 이론 Valence Bond Theory

주요 과학자: 라이너스 폴링

자연 상태에서는 거의 모든 원자가 하나 이상의 다른 원자와 결합해 분자를 형성한다. 원소는 이따금 순수한 상태로 존재하지만, 대개 하나 이상의 다른 원소와 결합하여 물(수소와 산소)과 같은 화합물을 생성한다. 대부분 원소는 원자의 가장 바깥쪽 궤도가 완전히 채워져 있지 않은데, 이 공간으로 더 많은 전자를 받아들일 수 있다. 원자는 결합을 형성해 이러한 최외각 궤도를 완전히 채워서 더욱 안정한 상태를 이룬다(헬륨과 같은 비활성 기체만이 가장 바깥쪽 궤도가 전자로 완전히 채워져 있어서 화학적으로 안정하고 결합을 형성하지 않는다). 현재 알려져 있는 천만 가지 화합물 가운데 90% 이상이 공유 결합을 이루는데, 공유 결합은 이웃한 원자와 전자를 공유하며 가장 바깥쪽 궤도를 채운다. 이러한 공유 결합 개념은 20세기 초에 발전했는데, 여기에는 미국 과학자 라이너스 폴링(1901~1994)이 1931년 발표한 획기적인 논문 〈화학 결합의 본질에 관하여〉가 지대한 영향을 미쳤다.

중요한 진전

원자는 금속 결합 또는 이온 결합을 통해 결합하기도 한다. 모든 금속 원소는 가지고 있는 최외각전자를 쉽게 잃는다. 그래서 최외각 전자를 잃고 양이온이 되어 이온 결합을 생성한다. 비금속 원소는 금속 원소가 잃은 전자를 받아 음이온이 되고, 이렇게 형성된 양이온과 음이온은 서로 끌어당긴다. 순수한 금속과 합금에서는 최외각 전자가 개별 원자에서 떨어져 나와 전자의 바다를 이루는데, 그러한 전자와 생성된 양이온 사이의 금속 결합을 매개로 금속 원자들이 서로 결합한다.

분자 모형을 가리키는 라이너스 폴링. 그는 분자를 이루는 화학 결합을 규명한 공로로 1954년에 노벨화학상을 받고, 1962년에는 노벨평화상을 받았다.

화학의 태동 p.20 전기 p.24 산소 p.72 원자론 p.159

빅뱅 Big Bang

주요 과학자: 조르주 르메트르

중요한 진전

빅뱅은 고정된 단일 이론이 아닌, 우주가 오늘날과 같은 상태로 변화해온 과정을 설명하는 다양한 견해를 아우르는 용어이다. 빅뱅 핵합성 이론은 원자, 항성, 은하를 탄생시킨 초기 우주의 사건을 설명하며 성공적으로 자리 잡았으나, 극초기 우주의 순간에 얽힌 수수께끼를 해결하지는 못했고, 시간과 공간과 에너지의 형성에 관한 통찰 또한 제시하지 못했다.

조르주 르메트르는 팽창하는 우주 개념을 이론으로 처음 정립한 과학자이다.

아인슈타인이 제시한 상대성이론을 분석하자, 정적인 우주는 불가능하다는 것이 드러났다. 뉴턴과 그 이전의 수많은 사람이 상상했던 완벽한 시계태엽장치 우주, 즉 변화하지 않는 우주는 신화에 불과했다. 그 대신 우주는 점점 더 커지거나 작아져야 했다. 1927년 벨기에의 물리학과 교수이자 가톨릭 사제였던 조르주 르메트르(1894~1966)는 점점 더 커지는 우주를 택했다(우주가 팽창한다는 사실은 1929년에 밝혀졌다). 만약 우주가 점점 팽창한다면, 과거 우주는 지금보다 작았을 것이며 머나먼 과거의 어느 시점에는 차원이 없는 하나의 점이었을 것이다.

르메트르는 그것을 우주 알(Cosmic Egg)이라고 불렀고, 1940년대 후반 진행된 연구는 크기가 자몽만한 뜨거운 우주가 어떻게 팽창하고 냉각되면서 우주의 원자 물질을 차근차근 형성하게 되었는지 설명했다. 이 이론에 반대한 한 과학자는 '꽝 하는 폭발'(Big Bang)이라며 이론을 비하했으나, 오히려 빅뱅이라는 명칭은 이론과 함께 성공적으로 자리 잡았다.

우주의 크기 p.28

항성 핵합성 Stellar Nucleosynthesis

주요 과학자: 랠프 앨퍼 • 조지 가모 • 아서 애딩턴 • 프레드 호일

지구에서 1만 광년 떨어진 초신성 카시오페아 A. 나사에서 3대의 우주망원경으로 촬영하고 위색을 합성한 사진이다.

'우리는 우주의 먼지'라는 말은 1960년대의 대안 문화에서 기원했다고 볼 수 있으나, 한편으로는 우주에서 발견되는 수많은 원소의 형성 과정을 설명하는 항성 핵합성 이론이 그 무렵에 확립되면서 대중이 원소의 생성을 보편적으로 어떻게 인식했는지를 드러내기도 한다.

지구에서는 대략 90가지 원소가 자연적으로 발생하고, 심우주에서 발생하는 고에너지를 수반한 사건에서 몇몇 원소가 추가로 생성된다. 수소 원자는 우주 물질의 75%를 차지한다. 수소는 빅뱅 직후 생성되었다. 헬륨 원자는 우주 물질의 23%에 해당한다. 탄소, 산소, 철과 같은 원소는 항성 내부의 작은 원자들이 융합되어 만들어진다. 항성은 뜨거운 수소 플라스마로 이루어진 거대한 공으로, 중심핵의 높은 압력을 받아 수소가 융합되어 헬륨이 생성된다. 이러한 융합 반응에서 방출되는 막대한 에너지는 열과 빛의 형태로 항성 표면을 빛나게 한다. 수소가 고갈된 늙은 항성에서는 헬륨이 더욱 무거운 원소로 융합되며, 무거운 원소가 생성한 기체와 먼지구름은 새로운 항성·행성·위성을 형성하고 아마도 언젠가는 생명체를 탄생시킬 것이다.

중요한 진전

태양을 포함한 항성은 대부분 왜성으로, 철보다 무거운 원소를 생성할 만큼 무겁거나 온도가 높지 않다. 항성은 적색 거성이 되어 헬륨을 전부 태우고 성운으로 흩어진 끝에, 백색 왜성으로 알려진 뜨거운 중심핵을 남긴다. 반면 초거성은 초신성 폭발을 맹렬히 일으키면서 금, 우라늄, 크세논과 같은 무겁고 희소한 원소를 합성한다.

분광학 **p.102** 우주 방사선 **p.124** 빅뱅 **p.169**

자물쇠-열쇠 이론 Lock-and-Key Theory

주요 과학자: 에밀 피셔

자물쇠-열쇠 이론은 효소 작용의 메커니즘을 제시하는데, 효소란 일어나지 않는 반응이나 매우 느리게 일어나는 반응이 진행되도록 촉진하는 생물학적 촉매이다. 모든 생명체는 효소를 사용하며, 생명체의 모든 세포와 침·위액 같은 분비액에서 효소가 작용한다.

자물쇠-열쇠 이론은 1894년 독일 화학자 에밀 피셔(1852~1919)가 제안한 것으로, 피셔는 효소와 효소가 반응시키는 화학 물질이 어떻게 합쳐져서 일시적인 구조를 형성하는지 궁리했다. 모든 효소는 단백질로 이루어져 있는데, 단백질은 독특한 형태로 접힌 중합체이며 그러한 형태의 일부가 활성 자리(자물쇠)이다. 효소가 반응시키는 물질은 기질이라고 불리는데, 기질은 자물쇠에 딱 맞는 열쇠이다. 활성 자리에 결합한 기질은 반응하여 한 분자에서 여러 조각으로 쪼개지거나, 두 분자에서 한 분자로 합쳐질 수 있다.

처음으로 발견된 효소는 전분을 단순당으로 소화하는 활성 화학 물질인 디아스테이스(diastase)로 1833년에 분리되었다. 현재는 효소 5,000여 종이 알려져 있다.

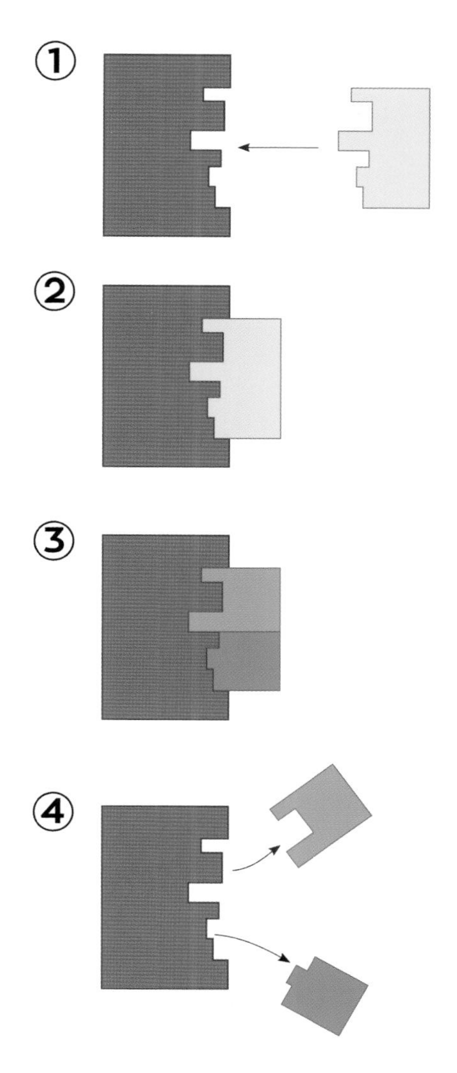

효소의 자물쇠-열쇠 메커니즘을 설명하는 그림: ① 기질이 효소의 활성 자리로 이동한다. ② 기질이 반응하기 시작한다. ③ 반응이 끝나고, 두 개의 생성물이 만들어진다. ④ 생성물이 활성 자리에서 떨어져 나간다.

중요한 진전

단백질의 구조는 기능을 결정한다. 단백질은 단량체라고 불리는 작은 분자가 연결되어 사슬을 이루는 고분자 화학 물질이다. 단백질의 단량체는 아미노산으로, 생명 현상에 쓰이는 아미노산에는 대략 20종이 있다. 단백질의 1차 구조라고도 불리는 아미노산의 정확한 배열순서는 단백질 분자가 자발적으로 접히는 방식을 결정하여 효소 역할을 하기에 적합한 형태를 이룬다.

세포설 p.25 시트르산 회로 p.139 생명의 기원 p.140

생물학의 중심 원리

Central Dogma of Biology

주요 과학자: 프랜시스 크릭 • 제임스 왓슨

중심 원리라는 거창한 이름이 붙은 이 개념은 생명체 내에서 유전 정보가 전달되는 메커니즘을 설명한다. 중심 원리의 기본 개념은 1950년대 후반 프랜시스 크릭이 처음으로 밑그림을 그렸는데, 유전 정보가 핵산에서 다른 핵산으로 옮겨져 단백질로 발현할 수는 있지만, 일단 발현이 완료되고 나면 정보의 형태나 위치가 더는 바뀔 수 없다는 내용이다.

생물학의 중심 원리는 디옥시리보핵산(DNA)의 이중 나선 구조가 발견되면서 등장했다. 중심 원리는 유전 정보의 전달 과정을 세 단계로 구분하는데, 그중 가장 중요한 단계는 DNA 복제이다. 이 단계가 생물학적 정보 전달의 보편적 형태이다. DNA는 전령 리보핵산(mRNA)으로 전사되었다가 다시 DNA로 역전사될 수 있다. 그러나 단백질의 형태는 RNA로 옮겨진 뒤 핵으로 재전달될 수 없다.

중요한 진전

리보핵산(RNA)은 유전자를 단백질로 발현하는 과정에 중요한 역할을 한다. 유전 암호는 염색체에서 전사된 mRNA 형태로 리보솜에 전달되는데, 리보솜은 리보솜 RNA(rRNA)로 구성된 단위체들이 합쳐진 구조이다. mRNA가 리보솜에 안착하면, mRNA의 염기서열 3개로 이루어진 코돈과 그에 상응하는 운반 RNA(tRNA)가 짝을 이룬다. tRNA의 역할은 mRNA 가닥이 리보솜을 지나는 동안 적합한 아미노산을 운반해오는 것으로, 각 코돈이 필요한 아미노산을 지정한다.

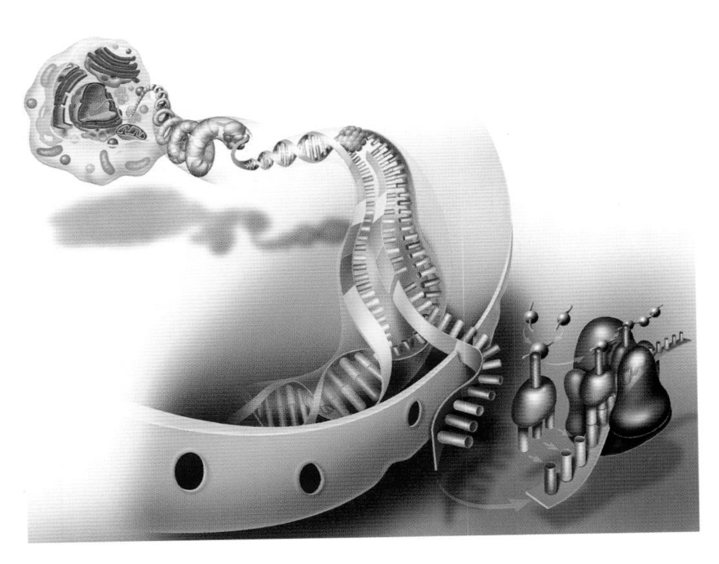

DNA의 이중 나선이 풀려 RNA로 합성되는 과정. DNA에 담긴 암호에는 생명체에 필요한 특정 구조를 갖추는 화학 물질의 합성법에 관한 정보가 포함되어 있다.

세포설 p.25 유전학 p.31 이중 나선 p.142 자물쇠-열쇠 이론 p.171

세포 내 공생설 Endosymbiosis

주요 과학자: 린 마굴리스

찰스 다윈이 진화론의 대명사로 여겨지듯이, 미국 생물학자 린 마굴리스는 연구자이자 교육자로서 대중에게 세포 내 공생설을 널리 알린 덕분에 공생의 대명사로 불린다.

지구 생명체는 원핵생물과 진핵생물의 두 부류로 구분할 수 있다. 원핵생물은 세균, 그리고 세균과 비슷하게 현미경으로 관찰 가능한 생물 분류군인 고세균으로 구성된다. 이 유기체들은 뚜렷한 내부 구조가 없는 작은 세포로 존재한다. 진핵생물은 조류(algae)와 아메바부터 참나무와 인간에 이르기까지, 원핵생물 이외 모든 생물을 포함한다. 진핵세포는 원핵세포보다 10배 크고, 세포핵 및 세포 소기관으로 알려진 복잡한 내부 구조를 지닌다. 화석 증거는 원핵생물이 훨씬 원시적인 형태임을 가르쳐주는데, 원핵생물 화석은 진핵생물 화석보다 20억 년 앞선 시점인 지금으로부터 35억 년 전 암석에 남아있다. 세포 내 공생 이론은 미국 생물학자 린 마굴리스(1938~2011)가 창안했다. 1967년 마굴리스는 서로 관련 없는 원핵생물 집단이 공생하여 진핵생물로 진화했다고 제안했다. 고세균은 표면적 증가로 이익을 본 뒤 구불구불한 세포막을 갖는 방향으로 진화했고, 그러한 고세균 숙주 세포로 세균이 우연히 들어가면서 첫 번째 진핵생물이 탄생했다. 이러한 사건이 한 번 이상 발생했는가는 알려져 있지 않지만, 아마도 여러 번 일어나지는 않았을 것이다. 왜냐하면 모든 진핵생물은 하나의 세포에서 유래했기 때문이다.

중요한 진전

세포 내 공생 이론을 뒷받침하는 견해는 현미경의 발전 덕분에 세포 소기관을 더욱 자세히 관찰할 수 있게 된 이후부터 등장하기 시작했다. 1910년대 초반, 사람들은 엽록체(식물 세포에서 광합성을 담당하는 부위)와 미토콘드리아(포도당을 에너지로 전환하는 세포 소기관)가 세균과 어떻게 닮았는지 관찰했다. 미토콘드리아는 세포 염색체와는 별개로 그들만의 유전 암호를 지니는데, 그 DNA를 분석한 결과 미토콘드리아는 본래 자유롭게 살았던 자색 세균이었으며 엽록체는 남세균(남조류라고도 불림)에서 진화했다는 것이 드러났다.

세포설 p.25 자연 선택에 의한 진화 p.161

표준 모형 The Standard Model

주요 과학자: J. J. 톰슨 • 머리 겔만 • 피터 힉스

표준 모형은 우주를 형성하며 우주에 일어나는 모든 작용을 이끄는 아원자 입자의 집합을 일컫는 명칭이다. 현재 표준 모형에는 18가지의 입자가 포함되어 있고, 이들 입자는 다양한 기준에 따라 분류된다. 중요한 기준은 페르미온과 보손으로 분류하는 기준이다. 페르미온은 원자와 같은 평범한 물질을 생성하는 데 관여하는 입자로, 쿼크와 렙톤으로 다시 나뉜다. 쿼크는 다른 쿼크와 결합하거나 반쿼크와 결합하여 강입자를 생성한다. 렙톤은 음전하를 띠며 전자가 렙톤에 속한다. 페르미온 사이에서 에너지를 전달하는 입자가 보손으로 알려져 있다.

표준 모형은 쿼크와 렙톤의 상호 작용을 정확히 예측하지만, 이들 입자의 질량이나 상호 작용의 강도는 예측할 수 없다. 이러한 한계에도 불구하고 과학자들은 표준 모형을 끈질기게 연구하는데, 이는 표준 모형이 강한 상호 작용, 약한 상호 작용, 전자기력을 매개하는 모든 아원자 입자를 포괄하는 하나의 통일된 이론으로 발전하기를 바라기 때문이다.

중요한 진전

수년간 밝혀진 보손 입자는 전부 힘 입자였다. 그런데 2012년에 새로운 보손 입자인 힉스 보손이 발견되었고, 힉스 보손은 페르미온에 힘이 아닌 질량을 부여한다. 표준 모형에 속한 모든 입자에는 크기는 같지만 전하는 반대인 반입자가 존재하는데, 입자와 반입자는 만나면 소멸한다.

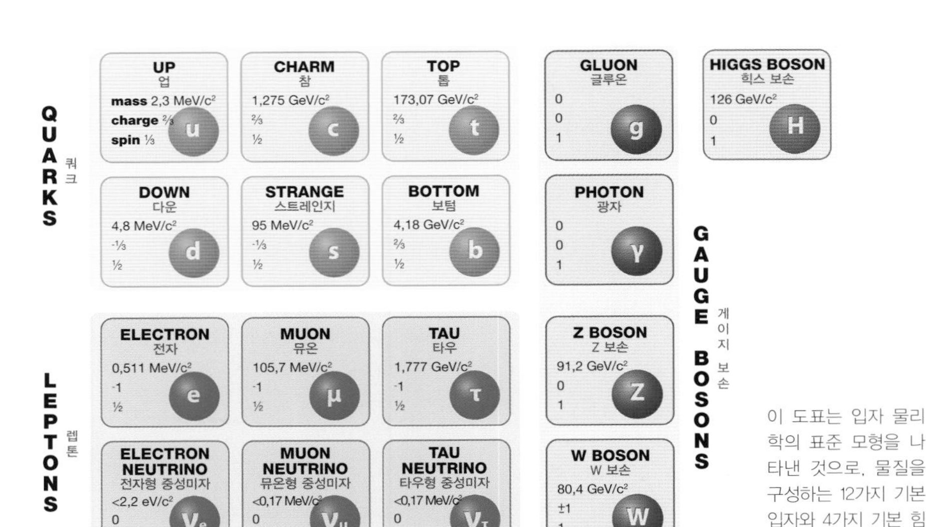

이 도표는 입자 물리학의 표준 모형을 나타낸 것으로, 물질을 구성하는 12가지 기본 입자와 4가지 기본 힘 입자가 있다.

끈 이론 p.39 전하량 측정 p.120

암흑 물질 Dark Matter

주요 과학자: 프리츠 츠비키 • 베라 루빈

1930년대에는 태양계가 은하수(Milky Way)라고 불리는 우리 은하의 일부이며, 우리 은하와 다른 은하는 텅 빈 공간을 사이에 두고 서로 떨어져 있다는 것이 명백해졌다. 천문학자들은 은하의 크기와 형태를 조사하기 시작한 뒤, 겉으로 보이는 천체 무게만을 고려하면 은하가 지나치게 빠르게 회전하는 것 같다고 밝혔다. 별의 숫자만을 고려하여 은하의 무게를 계산하면, 은하의 회전 속도로 인해 별들은 사방으로 흩어져야 한다. 대부분의 천문학자는 관측 데이터가 틀렸다고 추정했다. 그럼에도 스위스계 미국인 프리츠 츠비키(1898~1974)는 은하에 보이지 않는 물질이 있을지도 모른다고 주장하며 그 물질을 '둥클레 마테리'(dunkle Materie)라고 불렀는데, 이를 번역하면 '암흑 물질'이다.

이 문제는 1970년대까지 간과되다가, 미국의 천문학자 베라 루빈(1928~2016)이 안드로메다은하의 자전을 면밀하게 연구하여 얻은 정확한 측정 결과를 발표하면서, 은하에는 눈에 보이는 물질보다 약 6배 많은 암흑 물질이 있다는 것이 밝혀졌다. 이 비율은 지금도 유지되고 있다. 우주의 물질은 대부분 보이지 않는다.

중요한 진전
암흑 물질은 중력 효과를 통해서만 감지되고, 빛이나 다른 복사선과는 상호 작용하지 않으므로 눈에 보이지 않는다. 암흑 물질의 정체는 두 가지로 제시되었다. 첫째는 '거대하고 조밀한 헤일로 물체(MACHOs)', 둘째는 '관측이 쉽지 않은 은하 주변부의 조밀하고 어두운 물질'이다. 그런데 어느 쪽으로 가정하든, 보이지 않는 물질에 관하여 명쾌하게 해석하지는 못할 것이다. 어쩌면 어디에나 존재하리라 추정되지만 아직 발견되지 않은 물질인 '약하게 상호 작용하는 거대 입자(WIMPs)'로 보는 편이 더욱 설득력 있을 것이다.

2003년 은하진화탐사선이 촬영한 안드로메다은하. 은하진화탐사선은 2013년에 최종적으로 임무를 종료했다.

보이지 않는 우주 p.37 암흑 에너지의 발견 p.150

인플레이션 우주 Cosmic Inflation

주요 과학자: 앨런 구스

1970년대 후반, 우주 탐험은 우주에서 관측된 몇 가지 특징이 빅뱅 이론으로는 설명할 수 없음을 분명하게 알렸다. 우주의 수수께끼 중에는 '평탄도 문제'(flatness problem)가 있는데, 이 문제는 공간이 모든 방향으로 고르게 확장되는 이유가 무엇인지 질문을 던진다. 빅뱅 이론은 우주가 존재하기 시작했을 때 빠르게 팽창하고 냉각되지 않았다면, 우주가 이토록 균일할 수는 없었으리라 예측했다.

답은 1980년 미국 이론물리학자 앨런 구스(1947~)가 제안한 인플레이션 우주론의 형태로 도출되었다. 구스의 가설에 따르면, 우주는 첫 10~35초 동안 빛의 속력보다 빠르게 팽창하면서 크기가 100배 넘게 커졌다. 그리하여 우주는 양성자의 10억분의 1 크기, 즉 우주 전체에 포함된 물질이 전반적으로 고르게 혼합되어 있을 만큼 충분히 작은 크기에서 시작하여 구슬 크기가 되었을 때 급팽창을 멈추었고, 여기서부터는 천천히 확장하여 현재의 크기가 되었다.

중요한 진전

구스가 제시한 인플레이션 우주론은 합리적으로 발전하면서 빅뱅 우주론에 얽힌 모든 모순에 답을 제시했다. 1980년대 초부터 우주를 상세히 조사한 결과, 특히 우주배경복사를 연구한 결과를 통해 우주는 구스가 예측했듯이 매우 균일하다는 점이 드러났다. 비록 인플레이션 이론을 뒷받침할 직접적인 증거는 관찰된 적이 없지만, 이는 여전히 우주를 설명하는 가장 훌륭한 이론이다.

빅뱅으로 시작된 우주의 진화. 빨간색 화살표는 시간의 흐름을 나타낸다. 빅뱅 이후 팽창하는 우주에 주목할 것.

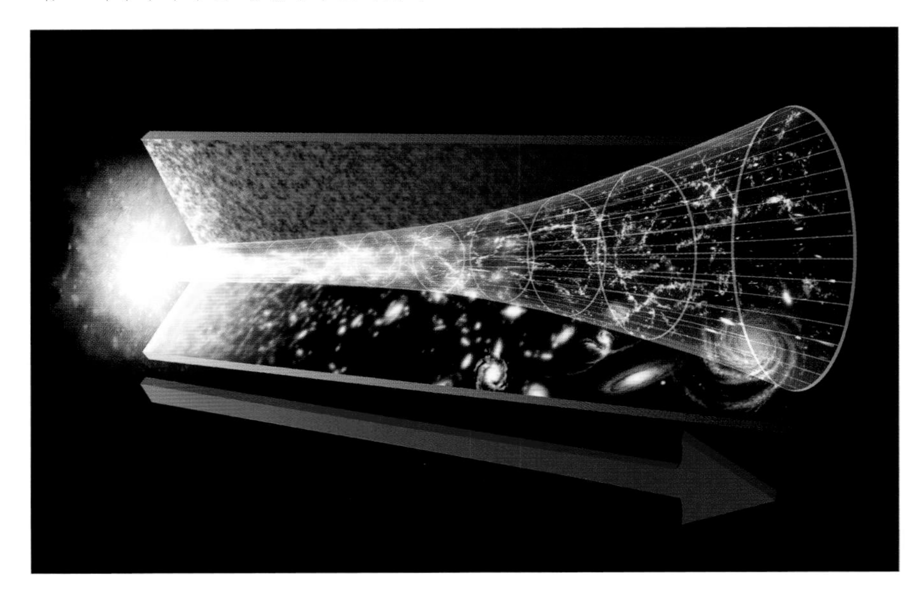

팽창하는 우주 p.132 우주배경복사 p.146

다세계 해석 The Many Worlds Interpretation

주요 과학자: 휴 에버렛

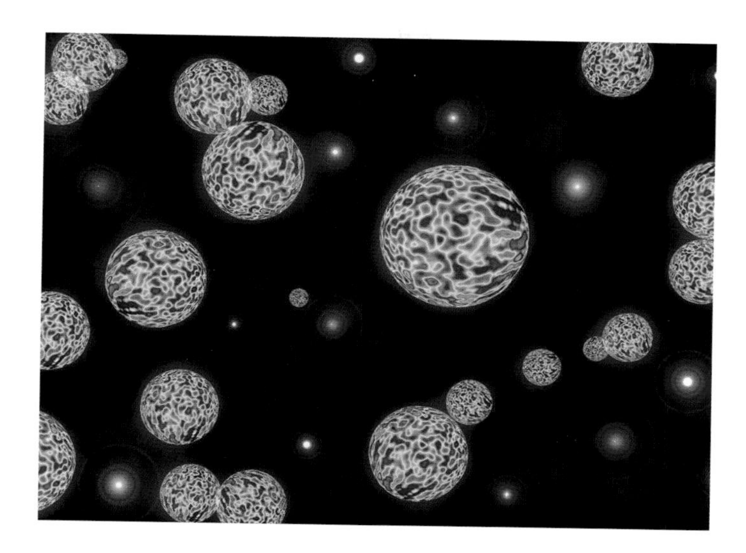

빅뱅과 다중 우주의 탄생을 상상하여 표현한 추상화.

양자 이론은 기묘하기로 유명하다. 양자 수준에서 발생하는 사건은 우연의 지배를 받는다. 이는 20세기 초에 등장한 코펜하겐 해석의 핵심으로, 양자적 물체는 관찰되고 측정될 때까지 어떠한 상태로도 존재할 수 있다고 설명한다. 이전에 물리학자는 양자적 물체를 파동함수로 표현했는데, 파동함수란 물체의 모든 가능한 상태의 집합으로 각 상태는 관측될 확률을 갖는다. 물체의 모든 가능한 상태는 중첩되어 있고, 이는 입자가 여러 장소에 동시에 있을 수 있음을 의미하며, 양자적 물체가 측정되어 하나의 상태로 확정될 때 파동함수는 '붕괴'된다.

1957년 미국의 물리학자 휴 에버렛(1930~1982)은 코펜하겐 해석에 반대했다. 그는 파동함수가 가능성이 아닌 실재라고 믿었고, 우주 전체가 상상할 수 없을 만큼 복잡한 단일 파동함수라는 견해를 과감하게 제시했다.

중요한 진전

에버렛이 제시한 다세계 해석의 핵심은 파동함수가 붕괴하지 않는다는 점이다. 단지 이 우주의 현실과 형제 우주의 파동함수에 결풀림이 일어나기 때문에 파동함수가 붕괴하는 것처럼 보일 뿐이다. 이러한 결풀림이 발생하는 원인은 현실 간의 국소적 차이가 파동함수를 국소적으로 변경하여, 이웃 세계 또는 우주들이 더는 서로 일치하지 않는 방향으로 변화하기 시작했기 때문이다.

← 이중 슬릿 실험 **p.86**

인간 활동이 초래한 기후 변화

Anthropogenic Climate Change

주요 과학자: 유니스 뉴턴 푸트 • 스반테 아레니우스 • 찰스 킬링

미국의 과학자이자 발명가 겸 여성 인권 운동가였던 유니스 뉴턴 푸트는 일찍이 온실 효과로 알려진 현상을 연구했다.

1880년 이후 지구의 평균 온도는 섭씨 0.8도 상승했다. 온도 상승이 미세하긴 하지만 지구 전체로 따지면 기후 변화를 초래하는 에너지가 대규모로 증가했다는 것을 의미하며, 에너지가 증가할수록 날씨는 더욱 극단적으로 변화할 것이다.

지구 온난화가 발생하는 메커니즘은 전적으로 자연의 온실 효과에 의존한다. 지구 대기가 햇빛을 대부분 통과시키므로 햇빛은 지구 표면에 흡수되었다가 열로 재방출된다. 그런데 열은 간단하게 우주로 빠져나가지 않는다. 이산화탄소를 포함한 온실가스가 열을 대기에 가두어 지구의 평균 온도를 섭씨 14도로 유지한다. 만약 온실가스가 없다면 지구 대부분은 꽁꽁 얼어붙을 것이다. 생명체가 호흡하면서 이산화탄소를 대기에 방출하면, 식물은 이산화탄소를 흡수하여 광합성을 통해 포도당으로 합성한다. 이 같은 '탄소 순환'은 대기 중 탄소의 양을 거의 일정한 수준으로 유지한다.

화석 연료는 먼 과거에 탄소 순환에서 제거된 탄소를 의미한다. 산업 목적으로 화석 연료를 태운 지난 250년간 대기 중 탄소는 기존 탄소량의 3분의 1만큼 증가했는데, 온실가스의 급속한 증가와 관측된 지구 온난화 사이에는 밀접한 관련이 있다는 증거가 확보되었다.

중요한 진전

이산화탄소와 지구 온도 사이의 상관관계는, 순수한 이산화탄소가 다른 기체에 비해 햇빛을 받으면 훨씬 빠르게 따뜻해지는 현상을 밝힌 유니스 뉴턴 푸트(1819~1888)의 연구에서 처음 등장했으나, 당시 제대로 인정받지 못했다. 인간 활동이 지구 온난화를 초래한다는 증거는 푸트와 같은 미국 출신의 찰스 킬링(1928~2005)이 제시했다. 이제 지구 온난화와 관련한 과학적 논의는 사실상 끝났다. 오늘날 과학자들은 지구 온난화를 막기 위하여 미래 기후를 예측하는 연구에 집중한다.

환경 과학 p.35

태양계의 기원 Origin of the Solar System

주요 과학자: 로드니 고메스 • 할 레비슨 • 알레산드로 모르비델리 • 클레오메니스 치가니스

태양계 안쪽에는 암석과 금속으로 이루어진 네 개의 지구형 행성이 궤도를 도는데, 그중 가장 큰 행성이 지구이다. 태양계 바깥쪽을 도는 네 개의 행성은 기체와 얼음으로 구성된 거대 행성이다. 이뿐만 아니라 소행성대에는 수백만 개의 작은 암석이 있고, 해왕성 궤도 너머의 카이퍼대에는 혜성과 같은 수백만 개의 얼음형 천체와 명왕성이 있다. 천체가 이러한 배열을 이루는 원인은 태양이 생성되고 남은 먼지, 얼음, 기체 원반이 모여서 태양계가 형성되었기 때문이라고 추정된다. 높은 온도에서 고체로 남아 있는 암석이나 금속처럼 밀도 높은 물질은 태양에 가까운 궤도로 모였다. 반면 휘발성이 강하고 밀도가 낮은 물질은 온도가 낮은 지대로 이동해 얼음처럼 차가운 거대 행성을 형성했다. 물질이 충돌하고 합쳐지면서 크기가 점점 커져 미행성이라고 불리는 천체가 되었다. 중력은 성장하는 천체를 끌어당겨 구형으로 만들었고, 크기가 큰 천체는 작은 천체를 휩쓸어가면서 꾸준히 성장했다. 그런 거대한 천체들이 궤도 내 다른 모든 천체를 깨끗하게 휩쓸어버리자, 행성 8개가 남았다. 그리고 소행성대는 남겨진 암석, 카이퍼대는 남겨진 얼음형 천체에 해당한다.

중요한 진전

천문학자들이 1990년대 말에 다른 항성계를 관측하기 시작했을 때 낯선 장면이 목격되었다. 거대 기체 행성이 이따금 항성에 매우 가까이 붙어 공전하는 듯 보였던 것이다. 일명 '뜨거운 목성'이라고 불렸던 이 행성들은 니스 모형('니스'는 프랑스 도시를 의미)이라고 명명된 우리 태양계의 형성 과정을 수정하도록 만들었다. 니스 모형에는 거대 행성이 태양에 가까워지기 시작하는 메커니즘이 기술되어 있는데, 거대 행성은 멀리 떨어져 있는 미행성을 끌어당길 때마다 중력 반응의 영향을 받아 서서히 이동한 끝에, 지금의 궤도에 들어서게 되었다.

우리 태양계, 그리고 아마도 모든 항성계의 초기 모습일 원시 행성계 원반이 탄생하는 장면을 묘사한 그림.

우주 경쟁 p.32 외계 행성 p.148

METHODS AND EQUIPMENT

연구 방법과 장비

과학적 절차 Scientific Process

주요 과학자: 오컴의 윌리엄 • 프랜시스 베이컨 • 칼 포퍼 • 토머스 쿤

프랜시스 베이컨은 다재다능한 인물로 철학자, 정치가, 과학자, 작가로서 활동했다.

중요한 진전

베이컨이 제시한 과학적 절차에는 아리스토텔레스 시대부터 진화해온 사상이 압축되어 있다. 간단한 설명일수록 진실일 가능성이 높다고 설명하는 오컴의 면도날(Ockham's razor) 원리는 중세 시대에 탄생했으나 오늘날에도 여전히 유용한 도구이다. 1930년대에 철학자 칼 포퍼(1902~1994)는 과학이 진실을 밝히는 것이 아니라 아직 거짓으로 증명되지 않은 아이디어를 밝히는 것이라고 주장하며 과학적 절차를 한층 발전시켰다.

과학은 자연을 조사하고 새로운 지식을 창출하는 강력한 도구이다. 과학을 수행할 때는 다섯 단계를 거친다. 첫째, 과학자는 자연을 관찰하면서 아직 풀리지 않은 의문이 있는지 살핀다. 둘째, 그 의문과 관련하여 이미 알려진 사실을 조사한다. 셋째, 의문에 대한 설명이나 가설을 제안한다. 넷째, 과학자가 제안한 가설을 검증할 실험을 설계한다. 그러려면 과학자는 이론을 바탕으로 실험 결과를 예측해야 한다. 마지막 다섯 번째 단계에서는 실험 결과를 해석하고 가설이 참인지 거짓인지 결론을 도출한다. 이러한 단계를 거쳐 수행되는 모든 연구는 실패로 돌아가지 않는다. 부정적인 결과가 나오더라도 나름의 의미를 드러낼 것이다. 이러한 과학적 절차는 대부분 1620년 '새로운 과학적 도구'를 고안한 영국의 학자 프랜시스 베이컨(1561~1626)이 남긴 업적이다. 이는 로버트 보일, 에드먼드 핼리, 로버트 훅 등 17세기 후반에 이어진 과학 혁명을 주도한 수많은 핵심 인물들에게 영감을 주었다.

연금술 p.15 이슬람 과학 p.16 과학 혁명 p.18 과학과 공익 p.29

그래프와 좌표 Graphs and Coordinates

주요 과학자: 르네 데카르트 • 아이작 뉴턴 • 고트프리트 라이프니츠

과학 실험과 관찰 결과를 그래프로 표현하면 결과의 의미를 분석하고 결론을 제시하는 데 커다란 도움이 된다. 게다가 각 결과를 그래프에 점으로 표시하면 데이터를 선이나 다른 기하학적 객체로 변환할 수 있다. 해석 기하학이라고 불리는 이러한 분석 방식은 르네 데카르트(1596~1650)가 개척했다. 그런 까닭에 간단한 그래프에 쓰이는 기본 x-y 좌표는 데카르트의 업적을 기린다는 측면에서 카테시안(Cartesian, 데카르트의 라틴어식 표기-옮긴이)이라는 이름으로 지칭한다. 데카르트는 침대에 누워서 파리가 규칙적으로 천장 위에 내려앉는 모습을 보다가 해석 기하학을 창시했다고 한다. 파리가 내려앉은 지점의 좌표는 파리의 이동 경로를 수학적으로 표현했다.

해석 기하학이 데이터를 선으로 변환하면, 과학자는 제시된 정보를 해석하기 위해 대수학적 방법을 사용할 수 있다. 예컨대 선의 기울기는 기록된 값이 변화하는 속도를 나타내고, 선의 오르내림은 진동의 주파수를 의미한다.

중요한 진전

데카르트보다 한 세대 뒤에 활동한 아이작 뉴턴과 고트프리트 라이프니츠는 자연현상에서 흔히 관찰되는 변화로서 일정한 흐름에 따라 변화하는 데이터를 분석하는 방법인 미적분을 개발했다. 두 과학자는 독자적으로 미적분을 개발하며 철저히 그 사실을 숨겼지만, 그래프의 아주 작은 한 지점에서 데이터를 고정함으로써 시간당 변화율을 정확하게 밝힌다는 점은 두 사람 모두 같다.

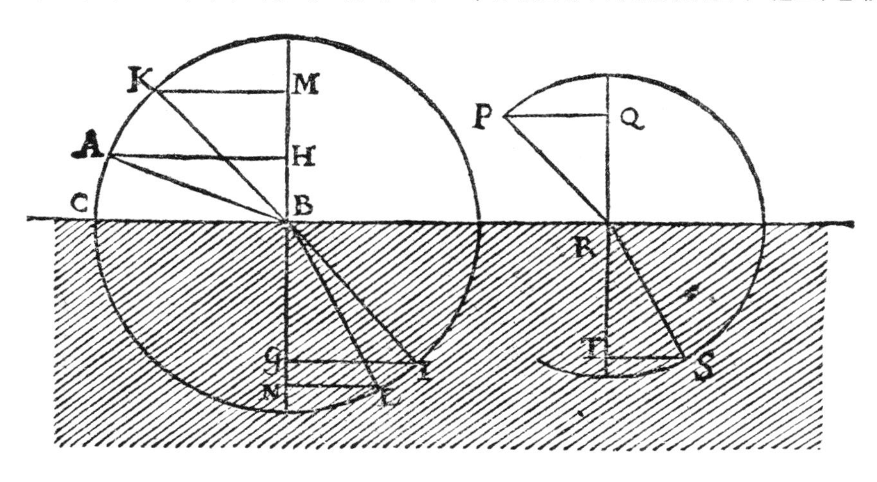

위의 도표는 1637년 출간된 《방법서설》에서 발췌한 것으로, 이 책에서 데카르트는 모든 과학에 적용 가능한 연역 추론법을 공식화하기 위해 수학을 이용했다.

과학 혁명 p.18 진자의 법칙 p.52 중력 가속도 p.55 불확정성 원리 p.166

확률론과 불확정성

Probability Theory and Uncertainty

주요 과학자: 피에르 드 페르마 • 블레즈 파스칼

쥐의 체온이나 항성의 에너지 방출량 등 자연현상을 측정한 결과는 정확하지 않다. 따라서 과학자들은 수집된 데이터가 유의미한지, 혹은 연관성 없는 측정값들이 무작위로 모인 것인지 밝히기 위해 통계적 검정을 해야 한다. 통계학의 중심에는 확률론이 있는데, 이는 미래에 특정 결과가 발생할 가능성을 값으로 매기는 응용 수학 분야이다. 그러한 값은 발생할 수 있는 모든 결과에서 차지하는 비율로 계산된다.

확률론은 1654년 한 도박사가 유럽을 대표하는 사상가 블레즈 파스칼(1623~1662)과 피에르 드 페르마(1607~1665)에게 배팅 전략을 질문하면서 구체화되었다. 확률론은 가능성을 판단하는 인간의 타고난 직관이 종종 부정확하다는 것을 보여준다. 예를 들어 동전 던지기에서 앞면이 많이 나왔다고 해서 뒷면이 나올 확률은 증가하지 않으며, 각 면이 나올 가능성은 늘 일정하다. 확률론은 또한 사람들의 키와 같은 가변적인 현상에서는 극단값(크거나 작은 키)보다 평균값이 보편적이라는 것을 가르쳐준다. 그러한 데이터의 분포는 '정규 분포' 또는 '종형 곡선'이라고 불리며, 관측값이 평균값과 일치하는지, 아니면 유의미한 측면에서 다른지 평가하는 데 유용한 도구로 활용된다.

프랑스 수학자 피에르 드 페르마는 수와 확률, 기하학의 성질을 다수 발견했다.

중요한 진전

1920년대 아원자 물리학의 본질을 밝히는 연구를 통해 자연은 확률에 기반을 둔다는 것이 드러났다. 연구 결과에 따르면, 특정 시점에 입자는 존재할 수 있는 다양한 상태를 가지며 몇몇 상태는 다른 상태보다 입자가 존재할 확률이 더 높다.

공중 보건 p.26 새로운 물리학 p.27 파동-입자 이중성 p.128 열역학 법칙 p.160 양자 물리학 p.167

표준 측정 Standard Measurements

주요 과학자: 조제프 루이 라그랑주 • 피에르 시몽 라플라스

실험에서 관찰한 결과를 비교하고 재현할 수 있는 것은 과학적 절차에서 중요하며, 이를 위해 과학자들은 SI 단위(Système International, 국제 표준 단위의 줄임말)로 알려진 측정 체계를 사용한다.

속도나 힘과 같은 모든 측정값을 나타내는 7개의 SI 단위가 있다. 이 7개 단위에는 시간(초; s), 거리(미터; m), 질량(킬로그램; kg), 전류(암페어; A), 온도(켈빈; K), 물질량(몰; mol, 주로 원자를 세는 데 쓰임), 그리고 광원에서 내뿜는 빛의 세기 또는 강도(칸델라; cd)가 있다.

중요한 진전

표준 측정의 초기 사례로, 파라오의 팔뚝을 기준으로 삼은 길이 단위인 이집트 큐빗(cubit)이 있다. 미국의 측정 체계는 로마 체계에서 출발해 영국제국 단위를 거치며 발전했는데, 로마 체계에서는 단위를 12분의 1로 나누었다. 12분의 1은 로마어로 운치아(uncia)라고 부르며, 이 단어에서 '인치'(inch)와 '온스'(ounce)가 유래했다.

오른쪽에 놓인 원기둥 형태의 백금-이리듐 합금 분동은 수년간 미국 표준으로 쓰인 킬로그램원기였다. 왼쪽 종 모양의 유리 덮개를 씌운 킬로그램원기는 프랑스 표준이다.

과거에 만들어진 단위 중에서 일부를 SI 체계가 최근 대체했고, 이제는 변화하지 않는 물리적 현상을 기준으로 SI 단위를 교정한다. 1초라는 시간은 세슘-133 원자의 진동 속도가 기준이다. 1미터는 3.335641 나노초마다 광자가 이동하는 거리이다. 킬로그램은 물질에 저장된 에너지의 양을 기반으로, 시간과 거리를 대입하여 계산한 값이다. 암페어와 칸델라는 비슷하게 정의되는데, 원자 수준의 에너지 거동에 근거하는 물리 상수로 계산된다. 1몰은 6.02214076×1023개로, 수소 기체 1g에 포함된 수소 원자의 수이다.

과학 기관의 출현 **p.19** 지구의 크기 **p.44** 지구의 무게 **p.74**

시간 측정 Measuring Time

주요 과학자: 크리스티안 하위헌스 • 존 해리슨

중요한 진전

매일의 시간은 태양이 1년 그리고 낮밤 주기로 어떻게 움직이는지를 관측한 결과이다. 고대 이집트인은 낮을 10시간으로 나눈 다음 새벽에 1시간, 해질녘에 1시간을 더하여 하루 24시간 체계를 만들었다. 한 달은 보름달이 뜨고 다음 보름달이 뜨기까지를 기준으로 삼았는데, 대략 4주로 나누어 4단계로 진행되는 달의 주기와 맞추었다.

시간 측정을 연구하는 과학 분야를 측시학(horology)이라고 한다. 시간이 실제로 존재하는지, 그리고 시간의 본질은 무엇인지를 묻는 수많은 근본적 질문은 물리학의 영원한 수수께끼이지만, 측시학자는 시간의 흐름을 기록하기 위해 점점 더 정확한 시계를 탄생시켰다. 정확한 시계는 항상 일정한 주기(하나의 파장이 완성되는 데 걸리는 시간)를 갖는 물리적 진동에 뿌리를 둔다. 초창기 시계에는 진자의 운동이, 요즘 시계에는 석영(쿼츠, Quartz)의 결정이 주로 쓰인다. 석영은 압전물질로 전기가 통하면 진동하는데, 그러한 석영의 진동수를 측정하여 이미 알려진 1초당 석영의 진동수를 기준 삼아 1초에 1회씩 전기 신호를 생성한다.

원자시계는 쿼츠시계보다 더 정확하다. 원자시계에서는 세슘 원자(또는 세슘과 비슷한 금속 원자)가 에너지를 흡수하고 방출하는 주기를 이용한다. 품질이 좋은 쿼츠시계는 매년 수초씩 느려지거나 빨라지지만, 원자시계는 (적어도) 1억 년 뒤에 나 겨우 1초의 오차가 발생할 것이다.

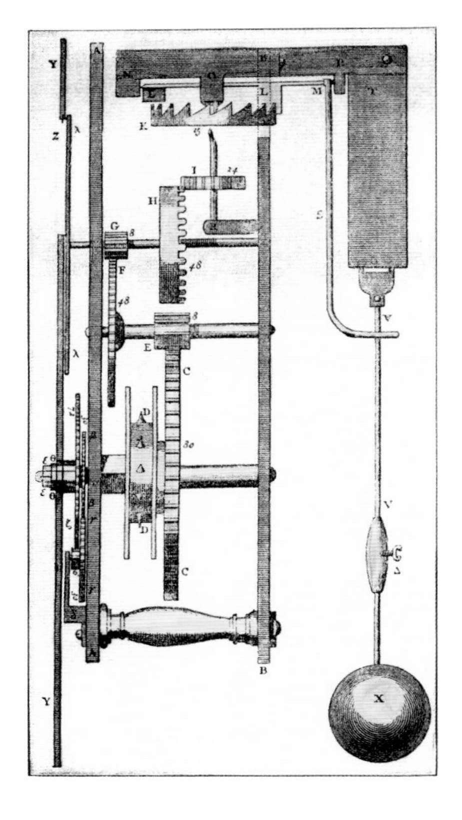

이 목판화는 크리스티안 하위헌스가 1660년대에 제작한 초창기 시계 중 하나인 진자시계의 측면도이다.

진자의 법칙 p.52 빛의 속력 p.98 지구의 자전 p.100 상대성이론 p.163

온도계 Thermometers

주요 과학자: 갈릴레오 갈릴레이 • 올레 뢰머 • 다니엘 가브리엘 파렌하이트 • 안데르스 셀시우스 • 켈빈 경

19세기 후반 의료용 온도계는 화씨(Fahrenheit) 단위로 측정되었는데, 화씨란 이 단위를 고안한 폴란드 과학자 다니엘 가브리엘 파렌하이트(1686~1736)의 이름에서 유래한 명칭이며, 물은 화씨 32도에서 얼고 화씨 212도에서 끓는다.

열 또는 열에너지는 원자와 분자의 운동으로 나타난다. 원자와 분자가 더 빠르게 이동할수록(혹은 앞뒤로 더 빠르게 진동할수록) 더 많은 에너지를 지닌 것이다. 온도는 물질의 평균 운동에너지를 나타내는 척도이다. 온도계는 임의의 상한점과 하한점을 기준으로 만든 단위를 이용해 온도를 측정한다. 가장 널리 쓰이는 온도 단위는 쉽게 재현되는 상한 온도와 하한 온도를 기준으로 삼는다. 이를테면 섭씨온도 단위는 물의 어는점과 끓는점이 기준이다. 그 두 기준 온도 사이를 100개로 일정하게 나눈 것이 1도이다. 디지털 온도계에는 온도 변화에 따라 저항이 변화하는 전자 부품인 서미스터(thermistor)가 쓰인다. 레이저 온도계에서 레이저는 대상을 조준하는 보조 장치에 불과하다. 레이저 온도계는 신체나 물체에서 방출되는 적외선을 측정한다. 지금은 거의 사용되지 않는 초기 온도계에는 수은이나 알코올 같은 액체가 쓰였는데, 눈금이 매겨진 좁은 관에 담긴 액체가 팽창하거나 수축하여 온도 변화를 알린다.

중요한 진전

'공기의 온도'를 측정하는 첫 번째 장치는 밀폐된 관 안에 물이 채워진 형태였다. 그러나 금속이 훨씬 일정하게 팽창하는 까닭에 1700년대에 들어 물은 수은으로 대체되었다. 오늘날 과학자들은 켈빈(K) 단위로 온도를 측정한다. 1K 상승은 섭씨 1도 상승과 같다. 0켈빈(0K)은 아원자 입자가 가질 수 있는 가장 낮은 열에너지, 즉 절대 0도로 정해졌다.

기체 법칙 **p.60** 열의 일당량 **p.96** 열역학 법칙 **p.160**

현미경 Microscopes

주요 과학자: 로버트 훅 • 안토니 판 레이우엔훅

렌즈로 작은 물체를 확대한다는 발상의 기원은 적어도 기원전 700년으로 거슬러 올라가는데, 당대에는 투명한 결정을 특정한 곡면 형태로 깎아서 렌즈로 만들었다. 렌즈의 매끄러운 곡면에 빛은 제각기 조금씩 다른 각도로 도달하고, 그에 따라 다양한 각도로 굴절(빛의 진행 방향 변화)하게 된다. 그 결과 모든 빛이 렌즈 반대편의 한 점에 모인다. 눈을 렌즈에 갖다 대어서 망막에 초점이 맺히면 실제보다 훨씬 큰 '가상 이미지'가 보이는 듯한 착각을 하게 되며, 보이지 않던 세부 요소도 드러나게 된다. 현미경은 이러한 효과를 높이기 위해 두 개 이상의 렌즈를 사용한다. 현미경에서 접안렌즈 아래에 위치하는 대물렌즈는 물체의 선명하고 또렷한 '실제' 이미지를 생성한다. 그러면 접안렌즈가 '실제' 이미지를 물체보다 수백 배 큰 '가상' 이미지로 확대한다. 광학 현미경은 시료의 상부나 하부에 광원이 장착되어 있으며, 필터를 이용해 다양한 특성의 빛을 조사하여 시료 각 부분의 특징을 보여준다. 생물 표본은 조직이나 세포의 특정 영역이 또렷하게 보이도록 화학 물질로 염색하기도 한다.

중요한 진전

광학 현미경은 최대 배율이 약 2,000배이다. 광학 현미경으로 구조가 촘촘하고 미세한 물체를 들여다보면 상이 흐릿하여 구별하기 어렵다. 이 같은 한계를 큰 폭으로 개선하기 위하여 1930년대 과학자들은 전자 현미경(EM)을 개발했다. 전자로 이미지를 생성하면 수천 배 더 작은 물체도 또렷이 관찰할 수 있다. 주사 투과 전자 현미경(STEM)은 너비가 500억분의 1미터에 불과한 개별 원자도 탐지할 수 있다.

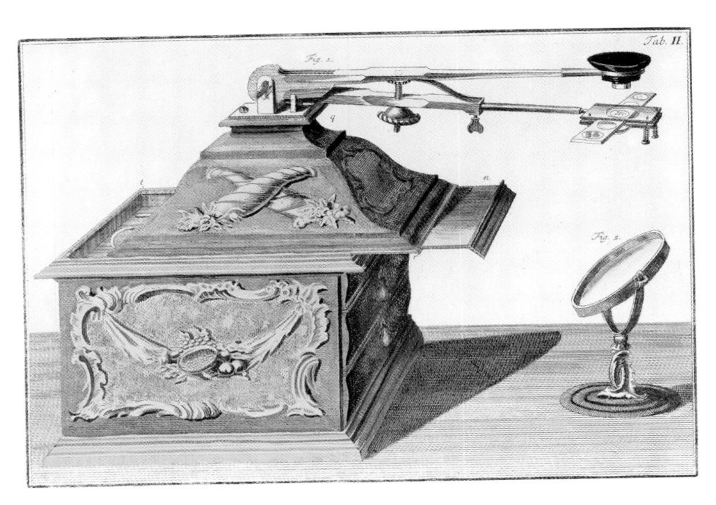

독일 생물학자 빌헬름 프리드리히 폰 글라이헨 루스부름(1717~1783)이 1763년에 제작한 현미경.

세포설 p.25 유전학 p.31 미생물의 발견 p.64

망원경 Telescopes

주요 과학자: 한스 리퍼세이 • 갈릴레오 갈릴레이

패스트(FAST)는 중국 구이저우성에 설치된 세계 최대 전파 망원경으로 구경 500미터에 달한다.

망원경의 유용성은 17세기 천문학자들이 입증했는데, 그들이 작고 멀리 있는 천체를 더 많이 관찰하게 된 결과 우주의 범위가 파악되기 시작했다. 천문학자가 사용한 초창기 장치는 굴절 망원경이었다. 현미경과 다르게 크기가 큰 렌즈가 앞에 위치한다. 이 대물렌즈는 가능한 먼 지점으로부터 많은 빛을 모을 수 있도록 최대한 크게 제작된다. 망원경의 경통 내부에 빛이 모여 선명한 상이 맺히면, 접안렌즈가 그러한 상이 잘 보이도록 확대한다. 이를 통해 망원경은 행성처럼 멀리 있는 물체의 세부 구조와 너무 어두워서 맨눈으로는 볼 수 없는 천체를 보여준다. 쌍안경은 근본적으로 나란히 놓인 두 개의 굴절 망원경이다. 반사 망원경은 대물렌즈 대신 곡면 거울로 빛을 모은다. 이러한 구조는 대형 망원경 제작에 유리하므로, 유럽 초대형 망원경이나 허블 우주망원경과 같은 고배율 망원경을 만드는 데 쓰인다.

중요한 진전

복사선을 활용하면 우주의 상을 형성할 수 있다. 전파 망원경은 우주로부터 도달하는 신호를 수집하는 거대한 안테나처럼 작동하면서 퀘이사(quasar) 같은 흥미로운 심우주 천체를 밝힌다. 엑스선 망원경과 자외선 망원경은 우주에 배치하는 편이 바람직한데, 엑스선과 자외선이 대기에 차단되기 때문이다. 제임스 웹 우주망원경은 발사된 이후 열을 활용하는 독특한 기능을 통해 과거의 어느 장비보다도 더 먼 우주를 관측할 것이다.

카메라옵스큐라 p.46 헤르츠스프룽-러셀 도표 p.122 우주배경복사 p.146
외계 행성 p.148 라이고 p.152 암흑 물질 p.175

마이크와 스피커 Microphones and Speakers

주요 과학자: 토머스 에디슨 • 알렉산더 그레이엄 벨

중요한 진전

음향학(소리의 과학)은 압력파가 기체, 액체, 고체를 매개로 이동하는 방식을 연구하는데, 각 압력파는 특정 속력으로 이동하며 매개체의 밀도에 큰 영향을 받는다. 음향학과 관련된 최초의 발견은 고대 그리스 수학자 피타고라스가 성취했다. 피타고라스는 밑음과 밑음의 파장을 2 또는 3, 4, 5, 6, 7로 나눈 윗음이 합쳐져 화음이 된다는 것을 발견했다.

소리를 녹음하고 재생하는 기술은 1800년대 후반에 급성장했던 엔터테인먼트 및 통신 산업의 한 분야로 발전했다. 소리는 동물 간의 의사소통부터 수중 음파 탐지기를 활용한 해저 지도 제작에 이르기까지, 모든 자연현상에 관한 정보를 수집하고 분석하게 해주는 과학의 보편적 도구가 되었다.

마이크는 공기(또는 다른 매체)로 전달되는 음파 진동을 그에 상응하는 전기 신호로 변환하여 전송, 증폭, 기록할 수 있게 한다. 가장 단순한 마이크 구조에서는 소리의 압력파가 진동판에 부딪혀 같은 리듬으로 진동하게 된다. 이러한 진동에 비례하여 자석이 움직이면, 소리 신호 역할을 하는 전류의 변화가 유도된다. 확성기는 그러한 신호를 받아 전자석에 전류를 흘려보내는데, 이때 전자석이 다른 자석을 끌어당기거나 밀어내면서 주기적인 움직임을 일으킨다. 이 움직임이 원뿔로 전달되어 내부의 공기를 진동시키면, 기존 소리와 같은 형태의 음파가 생성된다.

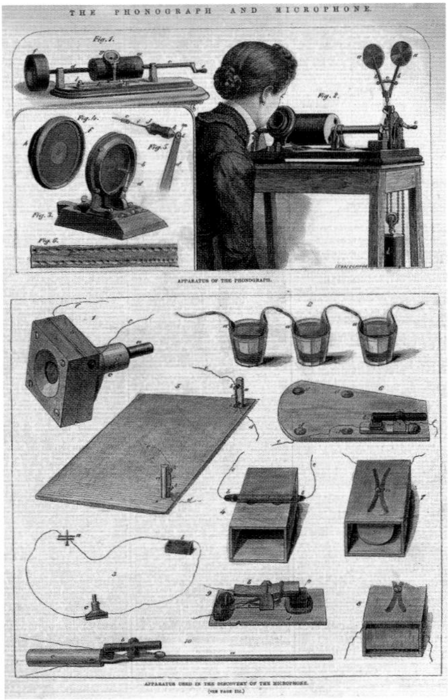

이 유색 목판화에는 탄소 마이크가 장착된 에디슨 축음기가 묘사되어 있다.

그리스 철학자 **p.13** 과학과 공익 **p.29** 전기와 자기의 통합 **p.88**

가이거-뮐러 계수관 Geiger-Müller Tube

주요 과학자: 한스 가이거 • 발터 뮐러

가이거-뮐러 계수관은 1928년에 이 장치를 발명한 한스 가이거(1882~1945)와 발터 뮐러(1905~1979)의 이름을 따서 명명되었으며, 가이거 계수기라는 명칭으로 더 유명하다. 가이거는 원자핵 발견과 관련한 연구를 진행하면서 가이거 계수기의 작동 원리를 발전시켰다. 가이거 계수기는 이온화 방사선을 감지한다. 이온화 방사선은 일반적으로 방사성 원자에서 생성되어 고속으로 운동하는 입자 및 전자기파로, 대기에서 전자를 떼어 내 전하를 띤 이온을 생성하기에 충분한 에너지를 지닌다. 그런 이온화 과정에서 방출되는 고에너지는 사람들의 건강을 해친다. 가이거-뮐러 계수관에는 대기압의 약 10분의 1에 해당하는 압력으로 기체가 채워져 있다. 정상 상태에서는 계수관 내부의 두 전극 사이로 기체를 통해 전류가 흐를 수 없다. 그러나 이온화 방사선이 존재할 때는 계수관 내부에 전하를 띤 이온이 생성되어 진동 전류가 흐르게 된다. 그러면 전류의 진동이 확성기를 작동시켜 딸깍거리는 소리가 난다. 이온화 횟수가 증가할수록 딸깍하는 횟수도 늘어나고, 그러한 소리가 합쳐지면 특정 음으로 들리게 된다. 이때 음의 높이가 높을수록 위험성은 커진다.

중요한 진전

기본적인 가이거 계수기는 이온화 측정에 유용한 수단이긴 하지만, 측정된 방사선이 지닌 에너지의 양은 가르쳐주지 않는다. 예를 들어 알파선은 감마선이나 엑스선보다 훨씬 큰 에너지를 지닌다. 따라서 사람이 위험한 방사선 에너지에 얼마나 많이 노출되는지 측정하려면, 가이거 계수기 대신 방사선량계를 사용해야 한다.

가이거 계수기와 연결하는 이 증폭기는 마리 퀴리와 딸인 이렌 졸리오퀴리, 사위인 프레데리크 졸리오퀴리가 방사능 실험에 사용했다.

과학과 공익 p.29 환경 과학 p.35 방사능의 발견 p.112 핵분열 p.136

사진 Photography

주요 과학자: 니세포르 니엡스 • 루이 다게르 • 윌리엄 헨리 폭스 탤벗

영어 단어 '카메라'(camera)는 라틴어로 '방'(chamber)을 뜻하는 단어에서 유래했으며, 최초의 카메라는 인간의 눈을 모방한 어두운 방으로 한쪽 벽에 난 작은 구멍을 통해 빛이 들어오면 반대쪽 벽에 외부 세계의 이미지가 맺혔다. 19세기에는 요오드화은(silver iodide)처럼 빛에 민감한 화학 물질을 써서 이미지를 포착하는 여러 시스템이 개발되었다.

1990년대까지 사진은 플라스틱으로 만든 필름에 기반을 두었다. 사진 기술은 과학계에 변화를 일으켰는데, 사진이 등장하면서 관찰한 사항을 그림으로 남길 필요성이 사라졌고, 사람이 맨눈으로 발견하기에 너무 움직임이 빠르거나 희미한 대상도 시각 기록으로 남길 수 있게 되었다.

오늘날 필름 사진술은 대부분 디지털로 대체되었는데, 디지털 사진술에서는 빛에 민감한 전자 장치를 써서 컴퓨터 데이터로 기록되는 픽셀의 패턴을 만들어 이미지를 생성한다. 디지털카메라는 필름카메라보다 훨씬 작고 내구성이 뛰어나다는 장점에 힘입어 널리 보급되었다. 이제는 우주나 바다처럼 외딴 지역에서 카메라로 촬영한 생중계 영상이 데이터 형태로 전송될 수 있다.

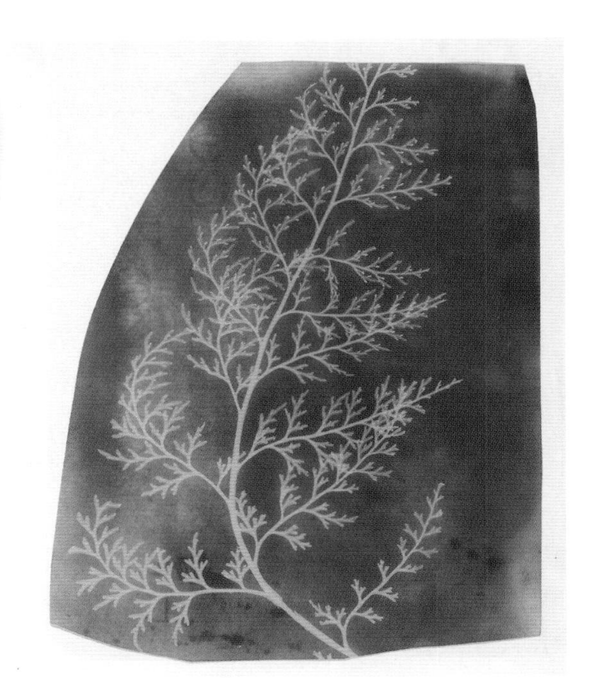

중요한 진전
잔상 효과는 인간의 뇌가 이미지를 기억하여 정지된 장면이 끊김 없이 빠르고 연속적인 영상으로 만들어지는 현상이다. 이러한 현상은 1887년에 가장 성공적으로 증명되었는데, 질주하는 말의 사진을 촬영해 말의 네 발이 전부 땅에서 떨어져 있는 순간을 포착했다. 사진 기술은 곧 영화와 비디오 제작에 활용되었다.

윌리엄 헨리 폭스 탤벗(1800~1877)이 1839년 촬영한 사진. 이 이미지는 카메라 없이 제작되었는데, 감광지 위에 반투명한 해초 조각을 올려두자 해초에 덮여 햇빛이 차단된 부분이 밝은 색 흔적으로 남았다.

전자 공학과 연산 p.30 카메라옵스큐라 p.46

음극선관 Cathode-Ray Tube

주요 과학자: 하인리히 가이슬러 • 윌리엄 크룩스

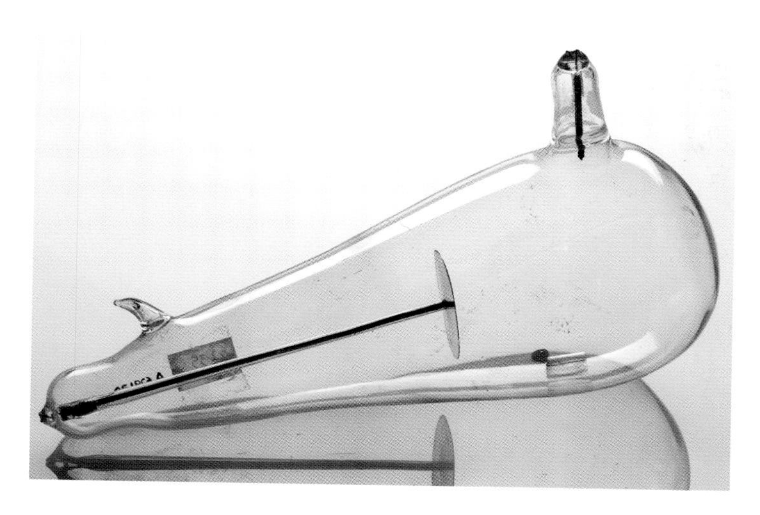

1870년대에 윌리엄 크룩스(1832~1919)는 왼쪽 그림과 같이 부분적으로 진공 상태인 관을 사용해 전류의 효과를 연구했다. 이 진공관 내부에 설치된 알루미늄판 형태의 음극에서 음극선이 방출되었다. 훗날 음극선은 전자로 이루어졌음이 밝혀졌다.

음극선관(CRT)은 밀폐된 유리관으로 내부가 진공에 가까우며 음극(음전하를 띤 전극)과 양극(양전하를 띤 전극)이 들어있다. 현재 음극선관은 전자 기술과 디지털 기술로 대체되었으나, 원자와 전자기의 본질을 탐색하고 특히 엑스선과 전자를 발견하는 과정에 중요한 역할을 했다.

음극선관은 그보다 기체가 더 많이 담긴 원시적인 장치로부터 진화했다. 이 원시 장치는 독특한 색으로 빛났는데, 오늘날 형광등의 초기 형태였다. 그러한 장치 내부로부터 기체를 대부분 제거하면, 겉보기에 아무것도 없는 듯한 관에서 신비로운 빛이 났다. 이것이 음극선이었으며 훗날 전자빔으로 밝혀졌다. 음극선관 주위에 전자기 코일을 설치하면 전자빔의 방향을 조절할 수 있었다. 이러한 혁신을 통해 전자빔이 화면에 점을 생성하고, 생성된 점이 전자석의 작용에 따라 움직이는 오실로스코프가 개발되었다. 오실로스코프는 전류의 변화를 시각적으로 표현하는 가장 간단한 방법이다. 게다가 심장 박동, 지진, 음파 등 끊임없이 변화하는 모든 현상을 나타내고 측정할 수 있도록 용도를 변경할 수도 있다.

중요한 진전

전자식 텔레비전 수상기의 중심에는 음극선관이 있었다. 음극선관은 형광판 곳곳에 전자빔을 쏴서 형광 물질을 빛나게 하여 화면을 생성했다. 깜빡이는 전자빔은 밝고 어두운 점의 패턴으로 화면을 구현했다. 그러한 화면은 인간의 눈이 감지할 수 있는 것보다 훨씬 빠른 속도로 1초에 여러 번 변화하면서 화면이 움직인다는 착각을 불러일으켰다.

전자의 발견 p.114 파동-입자 이중성 p.128 원자론 p.159

엑스선 촬영X-Ray Imaging

주요 과학자: 제임스 클러크 맥스웰 • 하인리히 헤르츠 • 빌헬름 뢴트겐

중요한 진전
엑스선 기계는 의사에게 환자의 신체 내부 구조를 보여주는 최초의 의료용 진단 장치였다. 이 장치는 오늘날 널리 사용되고 있지만, 엑스선 사진으로는 단단한 신체 부위 또는 몇몇 대비 매체로 처리된 부분만 식별할 수 있다. 컴퓨터 단층 촬영(CT) 검사는 다양한 각도에서 촬영한 엑스선 영상을 토대로 더욱 자세한 영상을 생성한다. 엑스선은 세포를 손상시킬 만큼 에너지가 강하므로 자주 노출되면 위험하다. 그러나 가끔 엑스선 촬영을 한다면 무시해도 괜찮을 정도로 그 위험성이 적다.

1880년대 후반 물리학자들은 음극선의 성질을 조사하고 있었다. 음극선은 진공관에 전기가 통하면 발생하는 기이한 광선이었다. 사진 인화지에 음극선을 쪼이면 색이 어두워지거나 흐려지는 등 평범한 빛을 쪼였을 때와 같은 효과가 나타났다. 1895년 독일의 물리학자 빌헬름 뢴트겐(1845~1923)은 특정 진공관에 전기가 흐르면 예상했던 빛이 뿜어져 나오는 대신에 인화지가 뿌옇게 흐려진다는 것을 발견했다. 그것은 분명 눈에 보이지 않는 특정한 종류의 광선이었고, 뢴트겐은 그 불가사의한 광선을 엑스선이라는 이름으로 기록했다. 그는 연구를 이어나간 끝에 엑스선이 몇몇 고체를 통과할 수 있다는 것을 알아냈는데, 아내의 손을 엑스선으로 촬영하자 손뼈가 오늘날 우리에게 익숙한 모습으로 드러났다. 엑스선은 가시광선보다 에너지가 훨씬 높아서 피부와 부드러운 조직은 통과하지만 단단한 뼈는 통과하지 못한다. 따라서 뼈는 인화지에 그림자를 드리우고, 나머지 조직은 엑스선이 통과하여 인화지를 하얗게 만든다. 엑스선이 발견된 이듬해에는 엑스선 촬영 장치가 스코틀랜드 글래스고의 병원에 설치되었고, 1989년 수단에서는 영국 육군이 이동식 엑스선 촬영기를 이용해 후방에서 부상병을 검사했다.

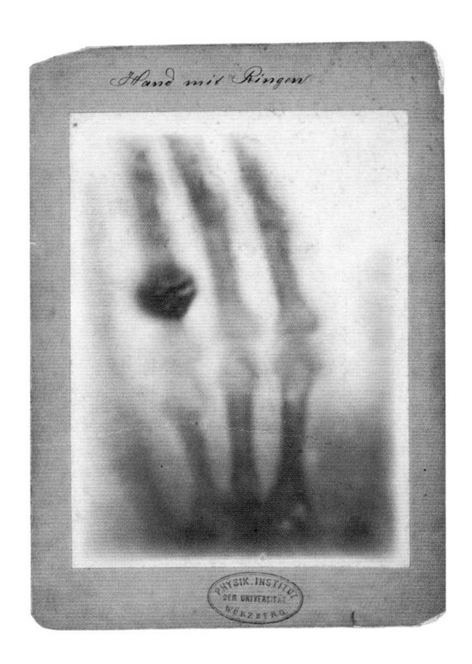

안나 뢴트겐은 자신의 손(그리고 결혼 반지)을 남편이 촬영한 이미지를 보고 '나의 죽음을 보았다'라고 언급하며 촬영 결과에 불만족스러워했다.

새로운 물리학 **p.27** 과학과 공익 **p.29** 전자기파의 발견 **p.110**

레이저 Lasers

주요 과학자: 찰스 타운스 • 고든 굴드

태양이나 화염과 같은 자연 광원은 색, 다른 말로 파장이 혼합된 상태로서 빛의 파동이 동기화되지 않고 진동하는 비간섭성을 띤다. 반면 레이저는 한두 가지의 파장을 포함하는 광원으로, 레이저광선은 파장이 모두 정확하게 동기화되어 간섭성을 띤다. 간섭성 광선은 아주 정밀하게 조작될 수 있으며(이를테면 반사시키거나 분할시킴), 따라서 다양한 용도로 쓰인다. 레이저(Laser)라는 단어는 '방사선의 유도방출을 통한 빛 증폭'(Light Amplification by Stimulated Emission of Radiation)의 약자이다. 레이저의 첫 번째 형태는 마이크로파를 방출하는 장치인 메이저(maser)였고, 빛을 내는 레이저는 1960년에 발명되었다. 최초의 빛 레이저는 루비 결정에 빛을 조사하면 작동했으나, 오늘날 대부분의 레이저에 쓰이는 결정은 합성 물질이다. 결정을 구성하는 원자는 특정 광자를 흡수했다가 다시 방출하는데, 그 과정에 점점 더 많은 결정 원자가 들뜬 상태로 변화한다. 그리고 결정이 거울과 같은 표면에 둘러싸여 있기 때문에 빛은 내부에서 잇달아 반사되면서 점차 세기가 강해진다. 그리하여 장치의 한쪽 끝에서 강력한 레이저광선으로 빛이 방출된다.

중요한 진전

레이저는 쓰임새가 다양하다. 바코드나 회전하는 DVD에 레이저를 비추면 데이터를 읽을 수 있고, 암호화된 신호를 레이저 형태로 변환하여 광섬유를 따라 보내면 데이터를 전송할 수 있다. 레이저는 또한 정밀 측정 도구로도 쓰인다. 아폴로 우주비행사는 달에 거울을 설치하고 레이저를 규칙적으로 반사시켰다. 그러자 레이저광선이 빛의 속력으로 지구와 달의 표면 사이를 왕복했고, 왕복에 걸린 시간을 토대로 지구와 달 사이의 정확한 거리가 도출되었다. 레이저는 또한 외과 수술에서 수술용 메스를 대체하고, 산업 현장에서 드릴과 톱 대신 쓰이며, 심지어 무기로도 사용될 만큼 에너지가 강력하다.

이 레이저광선은 미국 하와이에 설치된 켁 2(Keck 2) 망원경이 방출하는 것으로, 별이 반짝이는 것처럼 보이게 만드는 지구 대기의 영향을 측정할 때 사용한다.

인터넷 p.36 라이고 p.152

지진계 Seismometers

주요 과학자: 장형 • 장 드 오트푀유 • 앨프리드 유잉 • 찰스 리히터

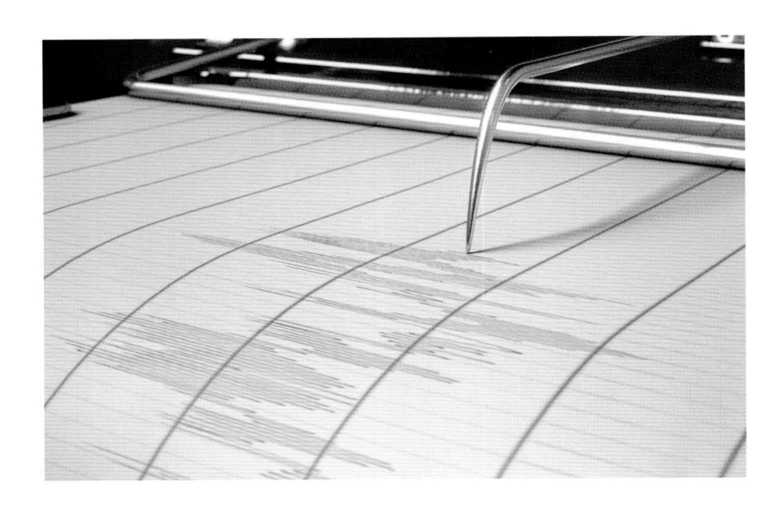

그래프용지에 빨간색 선을 그어서 지진 활동을 기록하는 지진계 바늘.

지진계는 지면을 통해 전달되는 진동을 측정하는 장치이다. 이러한 진동은 지하에서 갈라지는 암석이 일으키며, 특히 지진과 관련이 있다. 최초의 지진계는 132년경 중국에서 제작되었다. 이 장치의 중심에는 진자가 장착되어 있는데, 진동에 진자가 흔들리면 주위에 놓인 여러 개의 공 가운데 하나가 뚝 떨어지며 지진의 방향을 가리켰다. 이와 흡사한 기계식 지진계는 수백 년을 걸쳐 개량되었는데, 종이에 진동을 기록하는 방식이었다. 오늘날에는 그것과 똑같은 작업을 정밀 전자 장치가 수행한다. 19~20세기 사이에 지진계가 전 세계 곳곳에 설치된 덕분에 지구의 지각 어딘가에서 수개월에 한 번씩 발생하는 대규모 지진으로부터 진동을 포착할 수 있었다. 생성된 지진파는 지구 전역으로 곧장 전달될 만큼 강력한데, 지하에서 어떠한 종류의 파동이 반사되고 굴절하는지 비교한 끝에 지질학자들은 지구가 밀도 높은 금속 성분의 핵, 그리고 용해된 암석으로 구성된 외부 맨틀 층으로 구성되어 있음을 발견했다.

중요한 진전

지진의 위력은 일반적으로 찰스 리히터(1900~1985)가 고안한 리히터 규모를 기준으로 보고된다. 리히터 규모는 지진계로만 감지되는 연속적 미소지진에 해당하는 규모 1부터 시작하여, 아마도 50년에 한 번꼴로 느끼게 될 규모 9 이상까지 상승한다. 리히터 규모는 로그값이므로 규모 1이 상승할 때마다 위력은 10배 강해진다.

지질학과 지구 과학 p.23

방사선 탄소 연대 측정법
Radiocarbon Dating

주요 과학자: 윌러드 리비 • 아서 홈스

자연 방사능 수치는 아주 오래된 물체의 나이를 결정하는 과정에 쓰일 수 있다. 모든 방사성 동위 원소는 특정 반감기를 지니는데, 반감기란 원자의 절반이 붕괴되는 데 걸리는 시간이다. 이때 붕괴는 무한히 발생하게 되는데, 어느 동위 원소의 반감기가 일주일이라면 첫 7일간은 원자의 절반이 붕괴되고 이후 7일간 나머지 원자의 절반이 붕괴되는 식으로 끝없이 이어진다.

물체가 나이를 먹을수록 동위 원소의 비율이 감소하므로, 남은 동위 원소의 양은 물체의 나이를 추정하는 좋은 단서가 된다. 유기체, 이를테면 생물의 몸, 나무와 뼈로 제작된 도구, 천연 물질로 짠 직물 등 모든 생물에서 발견되는 원소인 탄소를 이용하면 연대 측정이 가능하다. 탄소의 방사성 동위 원소인 탄소-14는 자연에 소량 존재한다. 생물이 살아있는 동안에는 탄소 동위 원소가 체내에 지속적으로 보충되어 그 비율이 일정하게 유지된다. 하지만 생물이 죽으면 원자들이 안정한 형태인 질소로 붕괴되면서 탄소-14 수치가 낮아진다. 탄소-14는 반감기가 5,730년으로, 최대 50,000살까지 나이를 먹은 물체의 연대를 측정할 수 있다.

중요한 진전

나이가 수십억 년까지는 아니어도, 수백만 년은 됨직한 암석과 광물은 탄소-14보다 반감기가 훨씬 더 긴 우라늄을 비롯한 다른 방사성 금속으로 연대를 정한다. 이 같은 형태의 방사선 연대 측정법은 20세기 초에 처음으로 수행되었는데, 인간이 남긴 역사 기록을 토대로 추정한 것보다 지구의 나이가 훨씬 더 많다는 오래된 직관을 뒷받침하는 첫 번째 증거를 제공했다.

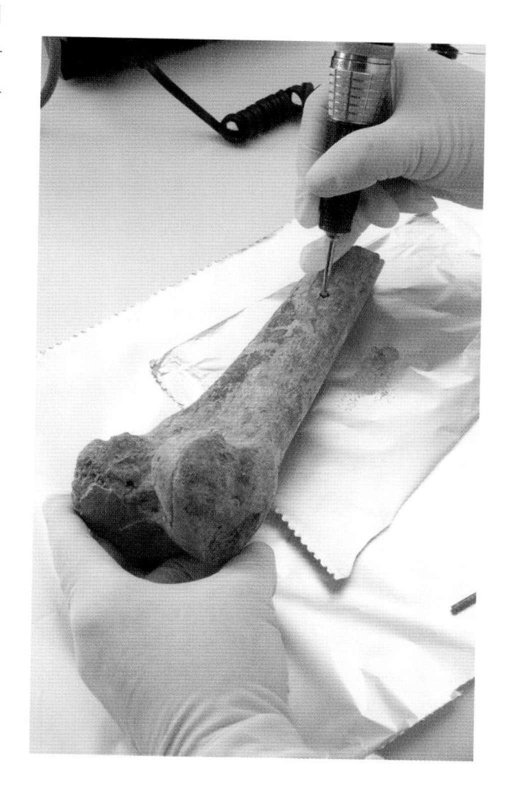

방사성 탄소 연대 측정을 하기 위해 고대 인류의 뼈 안쪽 표면에서 유기물을 제거하고 있다.

박물학과 생물학 p.22 지질학과 지구 과학 p.23 방사능의 발견 p.112

거품 상자 Bubble Chambers

주요 과학자: 도널드 A. 글레이저 • 찰스 윌슨

중요한 진전
영국의 양자 물리학자 폴 디랙(1902~1984)은 1928년에 전자의 거동을 완벽하게 기술하는 방정식을 세웠다. 그런데 디랙의 방정식에서 전자와 질량은 같지만 성질은 정반대인 또 다른 입자가 존재할 수 있음이 드러났다. 이것은 양전하를 띤 전자라는 의미로 양전자라 명명되었으며, 반물질의 첫 번째 사례였다. 반물질은 수명이 매우 짧다. 그리고 물질과 반물질이 만나면 소멸해 사라진다.

20세기 초 아원자 입자의 발견은 '극도로 작은 실체를 어떻게 관찰해야 하는가'라는 기술적인 문제를 제기했다. 그리고 우주 방사선이 대기에 충돌하는 현상을 관찰한 결과, 아원자 입자 대부분이 고에너지 충돌 후 단 몇 초 동안만 관찰될 정도로 수명이 짧다는 것이 밝혀지면서 그 기술적 문제는 더욱 복잡해졌다. 1911년 발명된 안개상자는 입자가 상자 내부의 짙은 수증기를 휙 통과하는 형태였다. 입자가 통과하면서 수증기 분자를 이온화시키며 궤적을 남기면, 궤적은 사진으로 기록되었다. 전설적인 이야기에 따르면, 안개상자는 맥주에 거품이 이는 모습에서 영향을 받아 1950년대에 거품 상자로 개량되었다고 한다. 거품 상자에는 높은 압력에서 끓는점보다 훨씬 높은 온도로 가열하여 얻은 과열된 액화 수소가 담겨 있다. 이 상자로 입자가 통과하면 수소가 끓어오르면서 흔적이 남는다. 거품 상자에는 전체적으로 전기장과 자기장이 걸려 있어서, 입자가 지나간 곡선 경로를 정확히 파악하면 그 입자의 전하와 질량, 에너지를 알 수 있다. 안개상자와 거품 상자는 양전자와 중간자(meson) 같은 낯선 입자를 발견하는 데 중요한 역할을 했다. 그러나 20세기 말에 이르러 대부분 전자식 탐지기로 대체되었다.

물질을 이루는 가장 작은 구성 요소를 연구하는 기관인 미국 일리노이 페르미국립가속기연구소에 설치된 오래된 거품 상자.

새로운 물리학 p.27 전자의 발견 p.114 우주 방사선 p.124 표준 모형 p.174

입자 가속기 Particle Accelerators

주요 과학자: 어니스트 로런스 • M. 스탠리 리빙스턴 • 글렌 시보그

자신의 발명품 앞에 선 M. 스탠리 리빙스턴(왼쪽, 1905~1986)과 어니스트 로런스(1901~1958). 이 발명품은 1934년 캘리포니아대학교 버클리캠퍼스의 옛 방사선연구소에 설치되어 있었던 지름 68센티미터(27인치) 사이클로트론이다.

현재까지 물리학자들은 우주가 18가지 기본 입자로 이루어졌음을 밝혔는데, 그 입자 대부분은 원자를 불안정하게 만드는 강력한 충돌을 일으켜 물질을 쪼개는 실험에서 발견되었다. 과학자들은 쪼개진 물질이 안정한 상태로 재구성되는 과정을 관찰했고, 그 과정에서 우주가 어떻게 형성되었는지에 대한 단서가 나왔다.

아원자 입자를 다루는 과학은 1920년대 후반에 발명된 이후 줄곧 개선된 입자 가속기 내부에서 전부 수행되었다. 입자 가속기의 중심은 강력한 자석에 둘러싸인 진공관으로, 자석에 형성된 전기장과 자기장이 입자가 빠른 속도로 연속해서 흐르도록 제어한다. 이를 통해 생성된 두 개의 입자 빔이 정밀하게 조정되어 검출기 내부에서 정면충돌한다. 현재 규모가 가장 큰 가속기는 대형강입자충돌기(LHC)이다. LHC는 양성자를 초당 2억 2,980만 미터까지 가속할 수 있으며, 이는 빛의 속력보다 약간 느린 수치이다. 이 같은 속력에서 큰 에너지를 가하면 양성자는 빨라지는 게 아니라 무거워진다. 따라서 LHC의 양성자는 장치에 들어갔을 때보다 충돌이 일어났을 때 무게가 7,500배 더 나간다.

중요한 진전

입자 물리학은 보통 LHC와 같은 원형 가속기로 연구하지만, 더욱 무거운 물질 예컨대 온전한 원자를 목표 지점에 발사할 때는 선형 가속기를 활용한다. 선형 가속기는 두 개의 원자를 융합하여 자연에 존재하기에는 너무 무거운 초중량 원소를 합성할 때 쓴다. 지금까지 25가지의 인공 원소가 합성되었다. 이들 초중량 원소는 모두 불안정하지만, 훗날 같은 과정을 거쳐 생성된 원자들은 훨씬 무거움에도 불구하고 더 안정할 수도 있다고 과학자들은 예상한다.

핵분열 p.136 표준 모형 p.174 암흑 물질 p.175

아틀라스 검출기 ATLAS(CERN)

주요 과학자: 피터 제니 • 파비올라 자노티 • 데이비드 찰턴 • 카를 야콥스

프랑스와 스위스의 국경 지대에 설립된 물리연구소인 유럽입자물리연구소의 대형강입자충돌기(LHC)에는 8개의 검출기가 있다. 가장 큰 검출기는 아틀라스로, 2012년에 힉스 보손 입자를 발견한 주요 장비였다. LHC는 힉스 보손을 발견하기 위해 건설되었는데, 이 새로운 입자가 전자와 양성자 같은 물질의 입자에 질량이라는 성질을 부여한다. 아틀라스는 무게가 7,000톤이고, 높이가 건물 6층에 달하며, 길이가 보잉 737과 비슷하다. 아틀라스의 중심에는 충돌이 발생하는 공간이 있고, 그 안에서 양성자는 빅뱅 초기부터 지금까지 우주에서 생성된 적 없는 에너지와 충돌한다. 충돌로 생성된 입자는 모든 방향으로 분사되는데, 각 입자가 충돌 공간을 둘러싼 강한 전자기장과 상호작용하면서 독특한 경로로 이동한다. 그리고 입자 위치를 알리는 실리콘 검출기 층으로 입자가 통과하면, 아틀라스 내부에서 입자가 위치할 수 있는 8,000만 개의 지점 중 어디에 입자가 있는지 밝혀진다. 다음으로 입자는 두꺼운 실리콘 띠를 따라 이동하고 나서, 각 입자의 질량과 에너지 및 기타 특성을 식별해주는 외부 검출기로 이동한다. 아틀라스는 초당 4,000만 번 발생하는 양성자의 충돌을 추적한다.

중요한 진전

대형강입자충돌기는 무거운 납 원자의 핵이 쪼개지면 무슨 일이 발생하는지 조사하는 앨리스 검출기 또한 보유하고 있다. 핵은 쿼크 입자로 이루어진 양성자와 중성자를 지닌다. 쿼크는 우주에서 가장 강한 힘을 제어하는 글루온 입자로 묶여 있다. 과학자들은 대형이온충돌실험(A Large Ion Collider Experiment)의 머리글자를 따서 명명한 앨리스(ALICE) 검출기를 사용하여, 극초기 우주에서 물질이 생성되는 과정에 강한 힘이 어떻게 작용했는지 관측한다.

스위스 유럽입자물리연구소(CERN)의 대형강입자충돌기에 설치된 아틀라스 검출기.

표준 모형 p.174

중성미자 검출기 Neutrino Detectors

주요 과학자: 엔리코 페르미 • 볼프강 파울리

일부 핵반응은 진행되는 동안 중성자가 전자를 방출하며 양성자로 붕괴한다. 이러한 반응의 생성물은 반응 전 입자와 비교하면 질량이 같지 않다. 전자 외의 다른 입자, 즉 중성미자도 방출되기 때문이다. 중성미자는 질량이 있긴 하지만 너무 가볍기 때문에 물리학자들이 여전히 그 질량을 정밀하게 측정하려 노력하고 있으며, 수명이 짧아 다른 입자와 거의 상호 작용하지 않는다. 그런 까닭에 중성미자의 성질은 연구하기가 어렵다. 중성미자의 성질을 밝히기 위한 노력으로, 중성미자 검출기가 해저와 남극의 얼음 밑 또는 사용되지 않는 깊은 광산처럼 우주 방사선으로부터 보호되는 장소에 배치되었다. 중성미자가 검출기를 통과하면서 원자와 충돌하여 섬광을 방출하면 초정밀 카메라로 촬영된다. 중성미자는 매우 흔하며, 우주에서 방대한 양의 물질을 구성한다. 지구 표면의 1제곱센티미터마다 매초 약 650억 개의 중성미자가 쏟아진다. 그러나 가장 큰 중성미자 검출기도 하루에 약 10개의 중성미자만 탐지한다.

캐나다 온타리오 서드버리 중성미자 관측소가 세워진 크레이튼 광산에는 지표면으로부터 약 2,500미터 아래에 측지선 구(geodesic sphere)가 설치되었다.

중요한 진전

명칭에서 알 수 있듯 중성미자는 중성으로 전하를 띠지 않는다. 그러나 서로 다른 '맛'을 띠는 세 가지 유형으로 구분된다. 첫 번째 유형은 전자와 관련이 있고, 다른 두 가지 유형은 전자의 무거운 형태이자 핵반응에서 찰나의 순간 발견되는 뮤온 입자와 타우 입자와 관련이 있다. 여기에 중성미자의 수수께끼를 하나 더 보태자면, 중성미자는 하나의 맛에서 다른 맛으로 반복 전환되면서 네 번째 맛인 '비활성' 유형을 띤다고 여겨진다. 비활성 중성미자는 다른 유형의 중성미자보다 발견하기가 훨씬 더 어렵다.

새로운 물리학 **p.27** 핵분열 **p.136** 표준 모형 **p.174** 암흑 물질 **p.175**

질량 분석법 Mass Spectrometry

주요 과학자: J. J. 톰슨

질량 분석기는 물리학과 화학에서 아원자 입자, 원자, 분자로 혼합된 샘플의 조성을 분석하는 장비이다. 이 장비는 J. J. 톰슨이 음극선관을 개량하여 만들었는데, 전자의 무게를 측정하기 위해 음극선관에 전기장을 걸어서 전자빔이 휘어지도록 유도했다.

톰슨은 그러한 방법을 한층 발전시켜서, 물질 샘플을 관에 넣은 다음 그 물질을 구성하는 요소들이 전기장의 영향을 받아 질량 순서대로 확산하는지 관찰했다. 이것이 질량 분석기의 기본 원리이다. 진공관 끝에 있는 검출기는 샘플에 포함된 물질의 질량과 상대적인 양을 표시한다.

이를 토대로 톰슨은 화학적 성질은 같지만 질량은 미세하게 다른 원소인 동위 원소의 비율을 측정했다. 오늘날 화학자는 질량 분석기로 측정된 질량을 단서 삼아 분자 내에 존재하는 구조를 파악하고 복잡한 혼합물을 분석한다.

중요한 진전
동위 원소 개념은 영국 물리학자 프레데릭 소디(1877~1956)가 1912년에 창안했다. 소디는 우라늄과 같은 방사성 원자가 어떻게 붕괴되는지 분석하려고 원자 물리학계의 수많은 학자와 함께 연구했다. 이들은 불안정한 원자가 여러 형태(지금은 방사성 붕괴 계열로 이해된다)를 거치며 반복적으로 변화한다는 것을 발견했는데, 처음에는 그러한 여러 형태의 원자가 그동안 발견된 적이 없는 새로운 원소처럼 보였다. 하지만 소디는 이들 원자가 이미 알려진 물질이지만 기존 원소와 비교해 질량이 미세하게 다르다는 것을 알아내고 동위 원소라는 이름을 붙였다.

1906년 촬영한 J. J. 톰슨. 그는 질량 분석기를 발명하고 전자와 동위 원소를 발견했을 뿐만 아니라 핵물리학을 선도했다.

방사능의 발견 p.112 전자의 발견 p.114 주기율표 p.162

크로마토그래피 Chromatography

주요 과학자: 미하일 츠베트

'색을 기록한다'는 의미를 지닌 크로마토그래피는 학교에서 과학 실험으로 접할 수 있어 많은 사람에게 친숙한데, 학교 실험에서는 잉크를 각 구성 성분으로 분리해 크로마토그래피가 혼합 물질을 분리하는 방법임을 직접 보여준다.

혼합물의 과학은 복잡하다. 모래와 바닷물을 섞은 것과 같은 불균일 혼합물은 한 구성 성분이 다른 성분보다 크기가 훨씬 커서 여과 장치로 분리할 수 있다. 반면 바닷물은 물과 소금이 섞인 혼합물로 구성 성분의 크기가 비슷하여 균일하게 섞여 있다. 따라서 여과 장치로는 소금물을 분리할 수 없으나, 소금과 물은 물리적 성질이 극명하게 다르므로 액체인 물을 끓여서 증발시켜 순수한 소금만 남길 수 있다.

크로마토그래피는 균일 혼합물이 아주 흡사한 물리적 성질을 지닌 물질들로 이루어졌을 때 사용된다. 크로마토그래피에서 혼합물의 구성 물질은 물이나 기체 또는 젤과 같은 매질을 따라 이동한다. 물질의 이동은 물질이 매질에 자연 흡수되거나 확산되도록 유도하는 수동 방식이나 전기장을 가하는 방식으로 실행된다. 구성 물질들이 매질에서 특정 거리를 이동하면, 물질별로 분리하여 모으거나 분석한다.

중요한 진전

원소의 동위 원소는 미세하게 질량이 다르며 기체 원심분리기를 통해 분리되고 정제되는데, 기체 원심분리법은 크로마토그래피에 견줄 수 있다. 동위 원소는 확산하는 기체 형태로 원심분리기에 투입된다. 원심분리기가 회전하면 원자는 바깥쪽으로 밀려나게 되는데, 가벼운 동위 원소는 원심분리기의 회전축 부근에 주로 모이고 무거운 동위 원소는 그보다 바깥쪽에 모인다. 이러한 방식은 핵연료와 무기에 쓰이는 우라늄의 핵분열성 동위 원소를 농축하는 데 가장 널리 활용된다.

간단한 크로마토그래피로 분리된 색소.

연금술 p.15 화학의 태동 p.20

증류법 Distillation

주요 과학자: 유스투스 폰 리비히

증류법은 혼합된 액체를 분리하는 기법이다. 이는 고대부터 사용된 기술로, 특히 발효 음료에서 순수한 알코올을 추출하는 과정에 널리 쓰였다. 증류법에서는 혼합물의 온도를 조절하여 끓는점이 낮은 액체는 증기 상태로 증발시키고, 끓는점이 높은 액체는 액체 상태로 남게 한다.

산업화 이전 시대에 증류법은 형태가 눈물방울과 흡사한 레토르트(retort) 증류기로 수행되었다. 혼합물에서 끓어오른 증기는 상대적으로 온도가 낮은 증류기 상부에서 응축되어 기다란 주둥이를 따라 흘러내려 고였다. 오늘날 화학 실험실에는 찬물이 흐르는 재킷에 둘러싸인 관을 따라 증기가 통과하는 냉각기가 설치되어 있다. 냉각기 내부의 온도가 급격히 낮아지면, 높은 효율로 증기가 액체로 응축된다. 끓는점이 비슷한 물질의 혼합물을 증류할 때는 증기를 분별 증류관에 통과시킨다. 그러면 가벼운 물질은 증류관 상부로 올라가고, 무거운 물질은 증류관 하부에 남는다. 원유는 대규모 공장에서 분별 증류 과정을 거쳐 구성 성분으로 분리된다.

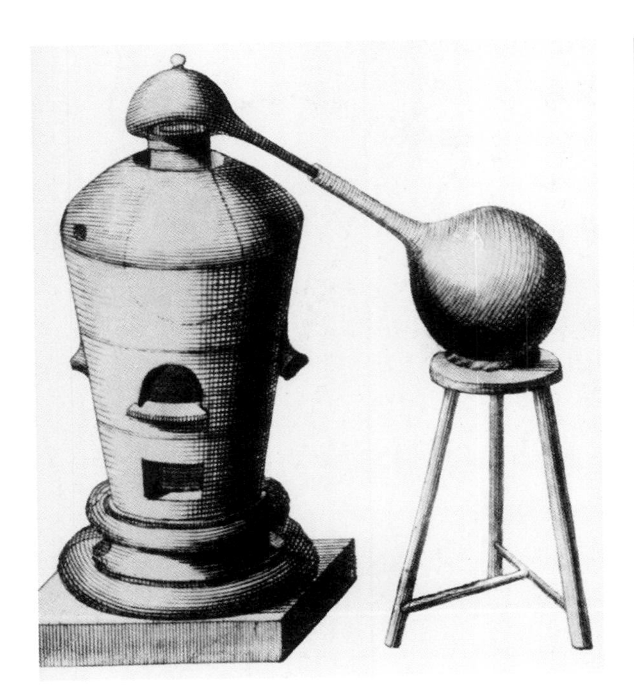

18세기에 제작된 알렘빅 증류기로, 액체 상태의 혼합물을 분리할 때 사용한다.

중요한 진전

대기를 구성하는 기체 성분도 증류로 분리될 수 있지만, 이 경우 가열이 아닌 냉각 단계를 거친다. 먼저 소량의 이산화탄소와 물이 제거되고, 첫 번째 냉각 단계에서 질소가 액화된다. 다음으로 산소가 제거되면 전체 대기 성분 중 1퍼센트만 남는데, 이는 아르곤과 네온 등 가치가 높은 불활성 기체로 구성되어 있다.

연금술 p.15 이슬람 과학 p.16 화학의 태동 p.20

DNA 프로파일링 DNA Profiling

주요 과학자: 앨릭 제프리스

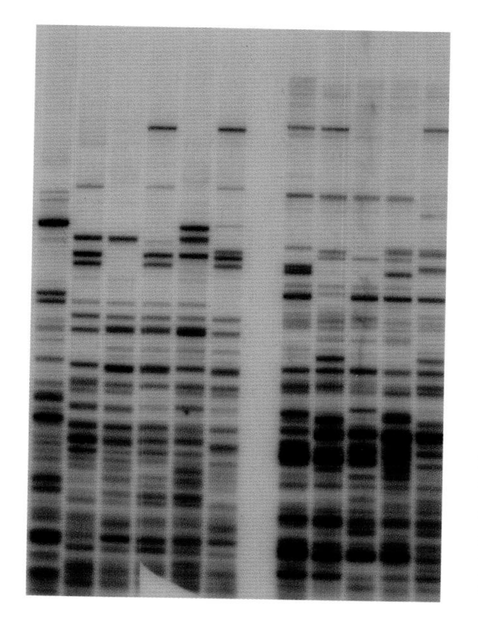

이는 기술 초기에 분석한 DNA 프로파일로 2번 띠와 8번 띠는 어머니, 2번과 8번의 오른쪽 띠들은 자녀 4명의 DNA 패턴이다. 이들의 DNA 프로파일 사이에서 드러나는 유사성, 그리고 타인의 DNA 프로파일인 1번 띠와의 차이점에 주목해볼 것.

중요한 진전

모든 인간은 DNA의 99.9퍼센트를 공유한다. 사람들의 DNA는 제각기 독특한 유전 암호를 지니지만, 그럼에도 DNA 프로파일이 유일무이한 것은 아니다. 두 사람이 동일한 DNA 프로파일을 지닐 확률은 약 500만분의 1이다. 따라서 범죄 현장에서 발견된 DNA 프로파일이 우연히 용의자의 DNA 프로파일과 일치할 가능성도 존재한다. 배심원들은 용의자가 다른 측면에서도 범죄와 관련이 있는지를 고려하도록 지시받는다.

DNA 프로파일, 다른 말로 유전자 지문은 범죄 현장에 용의자가 있었음을 뒷받침하는 설득력 높은 물리적 증거를 제시하는 까닭에 이것이 처음 발견된 1984년 당시 법의학에 혁명을 일으켰다. 혈통 관계를 두고 논란이 일어났을 때 DNA 프로파일링 기술을 활용하면 더욱 빠르게 규명할 수 있다. 이 기술은 또한 의료 관련 검사와 연구, 그리고 멸종 위기에 놓인 동물 개체군의 유전적 변이 계산에도 쓰인다.

통념과 다르게 DNA 프로파일은 사람의 유전체 또는 완벽하게 해독한 유전자 정보를 가르쳐주지 않는다. 대신에 유전 암호에 내재한 개개인의 특징을 바탕으로 매우 독특한 패턴을 만들어낸다. 이러한 고유의 패턴을 만들 때는 유전 암호에서 여러 번 반복되는 구획을 찾는다. 모든 사람이 반복되는 구획을 지니지만, 그 구획의 길이와 위치가 제각기 다르다. 반복 구획은 실험실에서 여러 번 복제된 다음 젤(gel)을 통과하면서 분리되고 염색되어 두께가 다양한 막대 모양의 패턴으로 드러난다. 이 막대 패턴은 다른 프로파일과 대조해 두 DNA가 동일인에게서 유래했음을 입증하거나, 가족 구성원의 프로파일과 대조해 유전적 관계를 증명하는 데 쓰일 수 있다.

← 유전학 p.31 유전자 변형 p.38 유전자의 존재 p.106 이중 나선 p.142 생물학의 중심 원리 p.172

크리스퍼 유전자 편집 도구

CRISPR Gene Editing Tools

주요 과학자: 프란시스코 모히카 • 제니퍼 다우드나 • 에마뉘엘 샤르팡티에

혁명적인 유전자 편집 도구 크리스퍼를 발명한 미국 생화학자 제니퍼 다우드나(1964년~). 미국 캘리포니아대학교 버클리캠퍼스 리카싱센터.

유전 공학은 유기체의 유전 암호를 편집할 수 있게 해주는 일련의 기술이다. 일반적으로 제대로 기능하는 유전자를 한 유기체에서 다른 유기체로 전달할 때 사용된다. 2013년 CRISPR('크리스퍼'라고 읽음) 기법이 개발되어 그러한 편집 과정이 획기적으로 간단해졌다. 크리스퍼는 '규칙적 간격을 갖는 짧은 회문구조 반복 단위의 배열'(Clustered Regularly Interspaced Short Palindromic Repeats)을 의미한다. 이는 세균의 유전체에서 발견되는 DNA 일부분으로, 세포를 공격했던 바이러스의 유전 암호에 해당한다. 세균은 바이러스가 재공격하면 빠른 면역 반응을 일으킬 수 있도록 효소(카스9)를 이용해 바이러스 DNA를 자신의 유전 암호에 이어 붙여 기록으로 남긴다. 유전자 편집 기술은 카스9의 능력을 이용하여 DNA의 어느 부분이든 상관없이 생물 유전체의 모든 지점에 삽입할 수 있다. 이 방식은 단세포 생물과 바이러스에 가장 효과적이며, 중요한 생화학 물질을 생산하거나 치료법을 개발하는 과정에 쓰인다. 크리스퍼를 활용하면 난자나 접합체(수정으로 형성된 첫 세포)를 가져다 유전자 조작된 다세포 유기체로 쉽게 만들 수도 있다.

중요한 진전

크리스퍼는 유전 공학 분야를 어느 정도 대중화시켰으며 그 영향력이 점차 뚜렷하게 드러나고 있는데, 이는 바이오해킹이라는 하위 분야가 창출되었기 때문이다. 이제는 유전자 서열을 미리 정하거나 심지어 설계가 완료된 DNA를 주문하는 것이 가능하며, 바이오해커는 그런 설계된 DNA를 활용해 어둠 속에서 빛나는 효모를 생산하거나 더욱 놀랍게는 유전병 치료제도 개발할 것이다.

유전학 **p.31** 유전자 변형 **p.38** 유전자의 존재 **p.106** 이중 나선 **p.142** 생물학의 중심 원리 **p.172**

줄기세포 Stem Cells

주요 과학자: 어니스트 매컬러

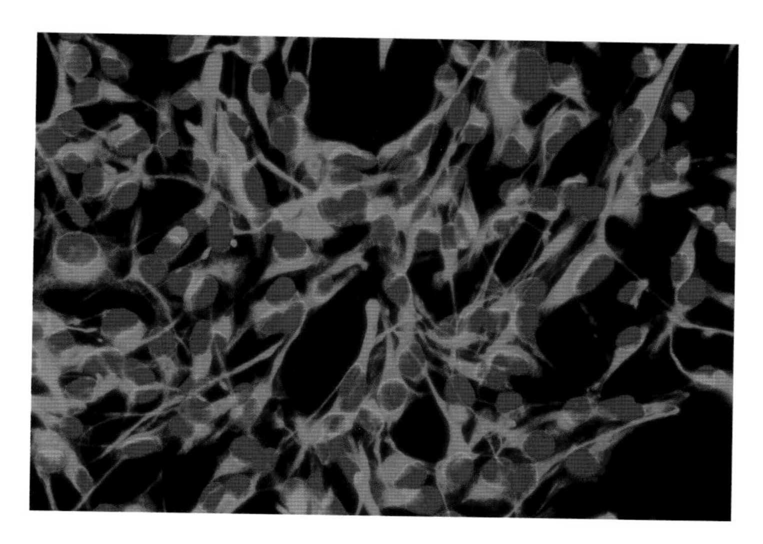

배양액에서 성장하는 쥐의 신경줄기세포. 신경줄기세포는 중추신경계에서 발견되는 세포인 신경세포, 성상세포, 희소돌기아교세포로 발달할 수 있다.

인간의 몸은 다른 커다란 생물체와 마찬가지로 수천 가지 세포로 구성되어 있다. 예를 들어 혈액세포는 신경세포나 뼈세포와 상당히 다르지만, 이 모든 유형의 세포가 접합체라는 첫 번째 단일 세포로부터 성장한다. 신체가 세포 덩어리에서 배아를 거쳐 성체로 발달할수록 세포는 분열을 거듭하며 분화, 다른 말로 전문화된다. 전문화가 진행된 세포는 분열을 통해 자신과 동일한 세포만 생산할 수 있다. 그런데 이 같은 세포 성장의 중심에는 어느 신체 조직으로도 자랄 수 있는 능력을 지닌 줄기세포가 있다. 오늘날 줄기세포는 의학 연구의 최전선에 있다. 일단 신체가 완전히 성장하면 활동하는 줄기세포는 수가 급격하게 줄어드는데, 이때까지 남은 줄기세포는 다능성 줄기세포로서 몇 가지 제한된 유형의 세포, 이를테면 적혈구나 백혈구로 성장할 수 있다. 의사들은 다능성 줄기세포를 모든 유형의 세포로 분화할 수 있는 만능 줄기세포로 유도하는 기술을 연구한다. 이 기술이 완벽해지면, 줄기세포는 손상되거나 병든 신체 부위를 복원하는 데 쓰일 것이다.

중요한 진전

줄기세포 배양에 사용되는 한 가지 기술은 1996년 세계 최초로 복제된 포유류인 양 돌리(Dolly)가 탄생할 때 활용된 기술에서 나왔다. 피부 세포에서 DNA를 얻어 난자에 주입하면 세포 덩어리로 발달하는데, 모두 만능 줄기세포이다. 돌리의 경우 그 세포 덩어리를 그대로 두고 완전히 발달시켰다. 그러나 인간 세포의 경우 세포 덩어리가 형성되고 며칠 뒤에 발달 과정을 중단시켜서, 인간 배아로 발달하기 전에 줄기세포를 채취한다.

세포설 p.25

임상 시험 Clinical Trials

주요 과학자: 제임스 린드 • 에드워드 제너 • 제프리 마셜

어느 의약품이 질병 치료에 효과적이라는 것이 확인되면, 그 의약품이 안전한지 확인하기 위해 적절한 조건을 갖추고 임상 시험을 진행해야 한다. 초창기 임상 시험 중 하나는 1747년 영국 왕립해군의 군의관인 제임스 린드(1716~1794)가 수행했다. 항해하는 동안 선원들은 불균형한 식단으로 인해 당대 불가사의한 질병이었던 괴혈병을 앓았다. 린드는 여섯 쌍의 선원에게 각각 한 가지씩 총 여섯 가지 치료약(전부 산성 물질)을 투여한 것으로 알려져 있다. 감귤류 과일을 먹은 한 쌍은 건강이 회복되었고, 따라서 그로부터 오랜 시간이 흐른 뒤 린드는 괴혈병이 비타민C 결핍과 관련이 있다고 앞장서서 주장했다. 오늘날 임상 시험은 한층 더 발전했다. 임상 시험을 진행하는 의사는 모든 임상 시험 참가자를 같은 방식으로 처치하면서 약물로 인한 변화와 부작용을 시험하고 추적 관찰한다. 그런데 참가자 중에서 일부만 신약을 받고, 다른 참가자는 위약을 받거나 오래전에 효과가 있다고 검증된 약을 받았다. 참가자는 어느 약을 받았는지 전혀 알지 못하는데, 중요한 것은 약을 투여하는 의사도 마찬가지라는 점이다. 이는 1940년대에 제프리 마셜(1887~1982)이 개척한 이중맹검 방식으로, 임상 시험 결과에 인간의 편견이 반영되지 않도록 막는다.

중요한 진전

임상 시험은 치료제가 아닌 비활성 물질을 제공하여 얻는 위약 효과의 영향력을 강조한다. 위약 치료가 감염 또는 질병의 원인을 개선하지는 못하지만, 통증이나 피로와 같은 증상을 완화할 수는 있다. 따라서 임상 시험에서는 신약이 위약보다 효능이 훨씬 뛰어나다는 점이 입증되어야 한다.

제임스 린드의 초상화. 그는 괴혈병을 없애려고 노력한 끝에 '해군 위생의 창시자'라는 칭호를 얻게 되었다.

의학의 탄생 p.14 세균 이론 p.104 항생제 p.130

분기학과 분류학 Cladistics and Taxonomy

주요 과학자: 아리스토텔레스 • 카를 린나이우스 • 칼 워즈

생물학은 고대 그리스 시대에 탄생한 이후, 생명체의 유사성을 반영하여 집단으로 분류하는 일을 진행했다. 과학 혁명이 시작되고 생물 종의 수가 급증하자, 카를 린나이우스(1707~1778)는 모든 생명체에 두 개의 이름을 할당하는 이항 명명법을 창안했다. 이 명명법은 생물이 아무런 규칙 없이 지어진 일반명으로 불리면서 발생했던 혼란을 없앴다. 린나이우스는 또한 계와 문부터 속과 종에 이르는 분류의 단계, 즉 분류군으로 생물을 체계화했는데, 분류군이란 상호 간의 유사성에 따라 생물을 군집으로 묶은 것이다. 이를테면 모든 포유동물은 포유강(Mammalia class)에 속하지만 표범속(Panthera genus)에는 몇몇 대형 고양잇과 동물만이 속한다. 린나이우스는 생물이 공유하는 해부학적 구조를 기준 삼아 종을 분류했다. 분류학보다 접근 방식이 현대적인 학문인 분기학은 진화에 기초한다. 생명체는 하나의 공통 조상에서 출발했고, 한 분류군에 속한 모든 구성원은 동일한 종에서 진화했다. 분류군이 거대할수록 구성원은 더욱 오랜 기간 공통 조상으로부터 분화되었다.

중요한 진전

1990년대에 칼 워즈(1928~2012)를 비롯한 여러 학자는 계(kingdom)의 수준보다 더 상위에 새로운 분류군을 추가하자고 제안했다. 아메바 같은 단세포 생물을 포함하여 동물계, 식물계, 균계는 모두 진핵생물역에 속한다. 나머지 생물은 세포 구조가 더욱 단순한 유기체들을 아우르는 두 가지 역인 고세균역과 세균역에 포함된다.

이 삽화는 린나이우스의 저서 《자연의 체계》 1748년판에 수록된 것으로 물고기의 분류를 보여준다. 《자연의 체계》는 1735년에 처음 출간되었다.

박물학과 생물학 p.22 미생물의 발견 p.64 유전자의 존재 p.106 자연 선택에 의한 진화 p.161

슈뢰딩거의 고양이와 그 외 사고 실험

Schrödinger's Cat and Other Thought Experiments

주요 과학자: 에르빈 슈뢰딩거 • 갈릴레오 갈릴레이 • 알하이삼 • 알베르트 아인슈타인 • 피에르 시몽 라플라스

슈뢰딩거의 고양이는 아마도 가장 유명한 사고 실험일 것이다. 에르빈 슈뢰딩거(1887~1961)는 1935년에 양자 역학의 현대적 해석을 탐구하는 방법으로서 이 사고 실험을 구상했다. 사고 실험에는 밖에서 내부를 볼 수 없는 상자에 고양이가 갇히는 가상의 이야기가 등장한다. 상자 안에는 독극물이 담긴 유리병, 그 유리병과 연결된 가이거 계수기가 들어있으며, 방사성 원자가 붕괴되면 유리병이 깨져 독극물이 유출되도록 설정되어 있다. 방사성 원자의 붕괴는 무작위적이며 예측 불가능하다. 따라서 상자를 열지 않으면 슈뢰딩거는 독극물을 먹고 고양이가 죽었는지 단언할 수 없으며, 따라서 고양이는 죽어 있는 동시에 살아 있는 중첩 상태에 놓여있다. 슈뢰딩거는 이처럼 본인이 제안한 터무니없는 상황이 바로 양자적 물체의 상태를 묘사한 것이라고 강조했다.

사고 실험은 과학의 강력한 도구이다. 갈릴레오, 알하이삼, 아인슈타인이 그러한 사고 실험을 활용했다. 상대성이론은 아인슈타인이 빛과 나란히 달리면 무엇을 보게 되는지 상상하면서 시작되었다고 한다. 사고 실험은 증거를 제시하기 위한 수단이 아니라, 과학자가 이론을 전개하는 사이에 생각을 이끌어주는 도구이다.

슈뢰딩거의 고양이 역설은 살아 있는 상태와 죽어 있는 상태가 공존한다는 점이다.

중요한 진전

피에르 시몽 라플라스(1749~1827)는 오늘날 라플라스의 악마라고 불리는 사고 실험을 수행했다. 라플라스 악마는 바로 지금 우주에 존재하는 모든 물체의 정확한 위치와 운동량을 아는 초자연적 지능을 가지고 있어서, 미래에 기록되는 시간의 순간마다 물체가 어떻게 변화할 것인지 운동 법칙을 바탕으로 정확하게 설명할 수 있다. 라플라스 악마는 우주란 탄생하는 첫 순간 제자리에 고정되어 이미 미래가 정해진 결정론적 존재는 아닌지 의문을 제기한다.

그리스 철학자 **p.13** 과학 혁명 **p.18** 중력 가속도 **p.55** 튜링 기계 **p.138**
원자론 **p.159** 상대성이론 **p.163** 양자 물리학 **p.167**

모델링을 위한 컴퓨터 그래픽
Computer Graphics for Modelling

주요 과학자: 에드워드 로렌즈 • 스타니슬라프 울람 • 존 폰 노이만

가상현실 안경을 착용한 여성.

소프트웨어를 사용해 자연현상을 모델링(특정 사물이나 체계를 가상의 모델로 만들어 복잡한 현상을 간접적으로 연구하는 방법 — 옮긴이)하는 연구가 가치 있다는 것은 방 한 칸을 가득 채우는 원시적인 컴퓨터로 날씨를 예측했던 초창기 컴퓨터 시대부터 인식되었다. 1963년 에드워드 로렌즈(1917~2008)는 대기 모델에서 나비 효과를 우연히 발견했다. 그는 모델의 초기 조건에 아주 작은 한 가지 변화가 있어도 결과에 어마어마한 차이가 발생한다는 것을 깨달았는데, 이는 오늘날 혼돈 이론이라고 불리는 분야의 핵심에 내재한 수학적 특징이다. 로렌즈의 발견은 '모든 모델은 틀렸지만 그래도 그중에서 몇 개는 유용하다'라는 격언, 즉 모델링으로 실제 데이터 수집을 대체할 수는 없지만 그럼에도 모델링이 지닌 영향력은 막강하다는 주장을 입증하는 사례가 되었다.

모델링이 널리 쓰이는 분야에는 지구 온난화의 영향을 탐구하는 기후 모델링이 있다. 그뿐만 아니라 컴퓨터가 가상의 화학 반응이나 핵반응을 수행한 결과를 토대로, 연구자는 새로운 약물과 시약을 조사하거나 아원자 입자들의 거동을 도표로 만들 수 있다. 컴퓨터는 또한 4개의 공간 차원을 사용해 계산해야 하는 3D 렌더링 작업을 손쉽게 해낸다.

중요한 진전

컴퓨터 모델을 응용한 초기 사례는 핵무기를 개발한 맨해튼 프로젝트에 있었다. 핵무기는 방사성 물질을 통과하는 중성자에 의존해 연쇄 반응을 일으킨다. 이러한 반응에 어떠한 조건이 필요한지 계산하면서, 인간 수학자들은 어려운 계산에 쩔쩔맸다. 그리하여 모나코 카지노에서처럼 무작위로 일어나는 기회를 활용한다고 해서 몬테카를로라고 이름 붙여진 방법이 개발되었는데, 이 방법은 성공 또는 실패를 초래하는 무작위적 변화를 바탕으로 계산한다. 그러한 계산은 수많은 반복 작업을 빠르게 수행해야 했으므로, 최초의 디지털 컴퓨터로서 1946년 미국에서 소개된 전자식 숫자 적분 및 계산기(애니악)가 탄생하는 좋은 밑거름이 되었다.

전자 공학과 연산 p.30 인터넷 p.36 튜링 기계 p.138

기후 모의실험 Climate Simulation

주요 과학자: 유니스 뉴턴 푸트 • 스반테 아레니우스 • 찰스 킬링 • 로저 레벨

이산화탄소가 대기 중에 풍부하게 존재하는 다른 기체보다 훨씬 큰 비율로 열을 흡수한다는 사실은 1850년대에 밝혀졌다. 그로부터 한 세기가 지난 뒤에 수십 년간 축적된 기상 데이터가 기후 온난화를 입증했는데, 인간 활동에서 발생한 이산화탄소와 기타 온실가스의 증가는 기후 온난화를 일으키는 가장 중요한 원인으로 손꼽혔다. 인간이 대기로 방출한 기체가 그렇지 않아도 복잡한 지구의 기후 체계에 어떠한 영향을 주는지 이해하는 것이 과학의 주요 목표가 되었다. 1956년에 탄생한 첫 번째 기후 모델에서 분할된 대기 구획은 500개에 불과했다. 오늘날의 기후 모델에서는 3D 기준선망을 활용하는데, 온도, 압력, 구름양, 습도 등 시간에 민감하게 변화하는 변수들 수십 가지가 설정된 대기 구획 15만 개가 포함되어 있다. 이러한 모델은 현실에서 매일 매시간 그렇듯 각 구획이 주위 구획의 조건에 영향을 미친다. 그리고 그러한 조건의 변화는 현실보다 기후 모델에서 더욱 빠르게 드러난다. 구획을 얼마나 촘촘하게 나눠서 모의실험할 수 있는가는 컴퓨터 처리 능력에 달렸으며, 기후 과학자들은 미래의 지구 대기를 예측하기 위하여 전 세계적으로 거대한 슈퍼컴퓨터를 여러 대 갖추었다.

중요한 진전

기후는 혼란스러운 체계여서 처음에는 사소했던 변화가 완전히 다른 결과를 초래할 수 있으므로, 기후 모의실험에서는 대기를 더욱 자세히 표현하려 애쓴다. 모의실험의 정확도를 두고 이따금 논란이 일어나므로, 기후 모델은 재구성되거나 역으로 실행하는 방식으로 검증된다. 검증 실험에서는 기후가 오늘날의 조건을 바탕으로 과거에 기록되었던 조건에 도달할 수 있는지 따진다. 만약 그러한 결과가 나온다면, 우리는 기후 모델을 통해 도출한 미래를 한층 더 신뢰할 수 있다.

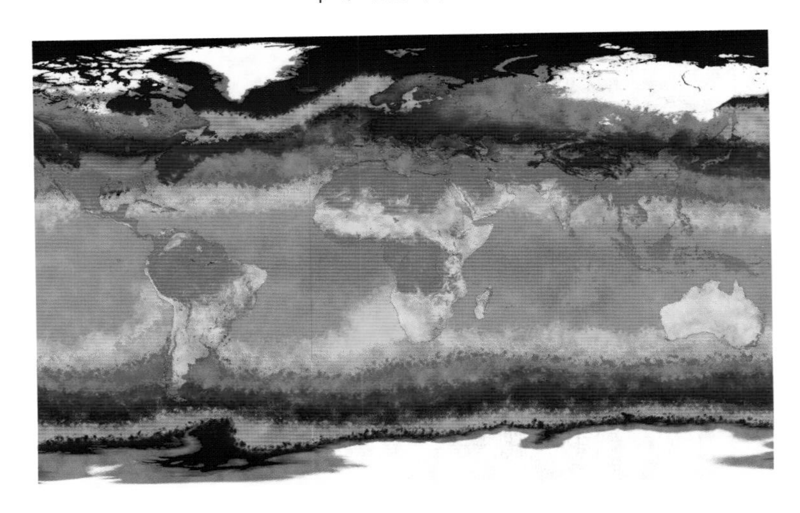

지구 전반에서 발생하는 지구 온난화 개념이 담긴 삽화. 지구 표면의 평균 온도는 19세기 후반을 기준으로 섭씨 1.18도 상승했고, 이러한 온도 상승은 대부분 1980년 이후 일어났다.

전자 공학과 연산 **p.30** 환경 과학 **p.35** 인간 활동이 초래한 기후 변화 **p.178**

기계 학습 Machine Learning

주요 과학자: 앨런 튜링

인공 지능(AI)이 지닌 한 가지 특성은 컴퓨터 스스로 프로그램을 짤 수 있는 능력이다. 기계 학습으로 알려진 이 특성은 인공 지능이 문서를 읽고, 얼굴을 인식하며, 음성을 이해하는 과정에 쓰이는 패턴 인식을 개발하는 데 활용된다. 기계 학습에는 뇌의 일부분이 작동하는 방식을 모방한 장치인 신경망이 필요한데, 이는 하드웨어 또는 소프트웨어로 구현할 수 있다. 신경망의 입력층과 출력층 사이에는 신경들이 서로 연결된 교차점들로 이루어진 층이 다수 존재하므로, 신경망을 통과하는 경로는 가짓수가 무척 많다. 기계 학습은 훈련으로 시작하는데, 예를 들자면 고양이 사진 인식을 학습하기 위해 수백만 가지의 고양이 사진과 다른 물체의 사진을 수신한다. 처음에는 사진을 구성하는 코드가 거의 무작위로 신경망을 따라 이동하는데, 이때 두 가지 출력(고양이가 맞다/고양이가 아니다) 중 하나가 생성된다. 참인 출력을 생성하는 경로는 거짓인 출력을 생성하는 경로보다 더 선호되며, 수백만 번의 시도 끝에 인공 지능은 데이터가 신경망을 통과하는 경로에서 고양이 사진(또는 음성, 얼굴, 기타 등등)을 인식하게 된다.

중요한 진전

인공 지능에는 두 가지 종류가 있다. 첫 번째는 비교적 보편적인 '약한 인공 지능'으로, 스마트 스피커나 안면 인식 시스템에 탑재되는 패턴 인식 소프트웨어에서 작동한다. 약한 인공 지능은 지치거나 따분해 하지 않으면서 인간보다 일을 수월하게 배우지만, 할 수 없는 일이 있다는 것을 자각하지 못한다. 두 번째는 '강한 인공 지능'으로 학습을 통해 새로운 과제를 해결하는 인간의 능력과 흡사하다. 완벽한 '강한 인공 지능'은 여전히 이론상 가능하지만, 과학자가 인공 지능에게 인간 지식의 데이터베이스를 제공하는 전문가 시스템이 인공 지능을 무척 영리하게 만들고 있다.

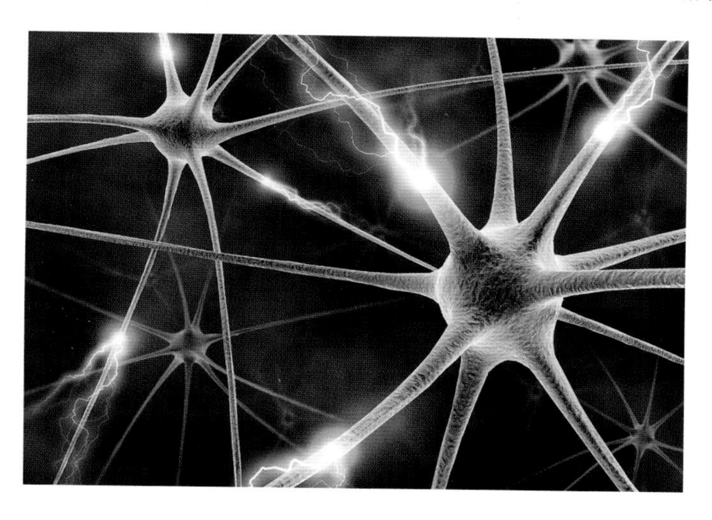

컴퓨터가 생성한 신경망의 이미지. AI는 인간의 뇌와 유사한 방식으로 연결 구조를 형성하며 성장한다.

전자 공학과 연산 p.30 인터넷 p.36 튜링 기계 p.138

빅데이터 Big Data

주요 과학자: 앨런 튜링 • 클로드 섀넌 • 마크 저커버그 • 래리 페이지 • 세르게이 브린

빅데이터 수집 및 분석은 의료부터 마케팅에 이르는 광범위한 분야의 직업과 사업에 도움을 준다.

인터넷은 컴퓨터들을 서로 연결하는 방법으로 1960년대에 처음 구상되었다. 2000년대에 등장한 웹 2.0은 수많은 사용자를 끌어 모았고, 2018년에 세계 인구의 대략 절반이 인터넷을 사용했으며, 지금도 인터넷 사용자는 증가하고 있다. 이제 우리는 사물 인터넷이라는 새로운 단계로 진입하는 중이다. 지구에 사는 모든 인간은 인터넷에 연결된 기기를 한 사람당 3개씩 보유하고 있으며, 2030년 무렵이면 자동차와 기상 관측소부터 냉장고와 심박계에 이르기까지 500억 개 이상의 기기가 데이터를 주고받을 것이다. 빅데이터는 그 모든 각양각색의 정보를 수집하고 패턴을 탐색하여 눈에 보이지 않는 연결고리를 밝히는 것이다. 현재는 이용 가능한 데이터양이 적어서 전 지구에 일어나는 현상을 연구하는 데에 한계가 있지만, 빅데이터 기반의 분석법은 그러한 연구의 판도를 바꿀 것이다. 빅데이터는 또한 인공 지능을 훈련하는 과정에 이용될 수 있으며 물과 에너지 공급, 운송, 의료 및 통신과 같은 서비스와 공공시설을 조정해 각 요소가 신속하게 상호 대응하며 적절히 작동할 수 있도록 돕는 '시스템의 시스템' 또한 구축할 수 있다.

중요한 진전

빅데이터는 근거 중심 의학에서 유용하게 쓰이는데, 이 분야에서는 빅데이터에 감지된 신호가 질병의 진단과 치료에 효과적이라고 알려진 경우에만 활용된다. 각 환자에 대한 자세한 기록을 보관하는 것은 의료계의 표준 관행이므로, 그러한 데이터를 익명화하여 질병의 초기 신호를 탐색하거나 특정 치료의 성공 또는 실패를 숨어 있던 기존의 요소와 연결할 수 있다.

전자 공학과 연산 p.30 인터넷 p.36 튜링 기계 p.138

행성 탐사선 Planetary Rover

주요 과학자: 유진 슈메이커

우주 경쟁이 시작되고 첫 10년은 인간을 우주로 보내고 외계로 진출시키는 일에 집중했으나, 1970년대에 들어서는 바퀴가 달린 이동식 로봇을 우주로 날려 보내는 안전하고 값싼 대안으로 관심을 돌렸다. 첫 번째 행성 탐사선은 소련이 달로 보낸 루노호트 1호와 2호로, 두 탐사선은 달 표면에서 총 15개월간 39킬로미터 거리를 기동했다. 루노호트의 현대적 후계자는 나사가 보낸 화성 탐사선인 스피릿(Spirit), 오퍼튜니티(Opportunity), 큐리오시티(Curiosity)이다. 세 탐사선은 전부 합쳐 거의 30년간 화성에서 임무를 수행했다. 지금도 작동하는 탐사선은 큐리오시티가 유일하다. 화성 탐사선은 행성의 표면을 3D로 관찰하는 입체 촬영기를 갖추었다. 이 입체 촬영기를 써서 지구에 있는 조종사가 탐사선의 이동 경로를 정하긴 하지만, 탐사선은 자율적으로 힘과 속도를 활용해 장애물에 맞선다. 탐사선은 또한 바위와 광물을 분석하여 물과 생명의 흔적을 찾는 장비도 갖추었다. 이들은 주걱과 긁개로 샘플을 채취하고, 본체에 장착된 실험 장비와 레이저 분광기로 샘플을 분석하면서 그러한 흔적을 찾는다.

중요한 진전

2020년 큐리오시티는 화성에서 활동하는 유일한 탐사선이었으나, 2021년에 나사가 발사한 탐사선 퍼서비어런스(Perseverance)와 지역 정찰 임무를 맡은 소형 헬기 인저뉴어티(Ingenuity)가 큐리오시티의 활동에 합류했다. 2022년에는 유럽우주국에서 탐사선 로잘린드 프랭클린(Rosalind Franklin)을 화성에 보낼 예정이다. 2018년 중국이 발사한 탐사선 창어 4호는 최초로 달의 뒷면에 착륙했고, 2020년 창어 5호는 달에서 채취한 첫 번째 암석 샘플을 싣고 지구로 귀환했다.

이 상상도에는 나사가 발사한 탐사선 마스 2020(Mars 2020)이 화성 표면의 암석 지대를 조사하는 모습이 묘사되어 있다.

우주 경쟁 p.32 외계 행성 p.148 태양계의 기원 p.179

찾아보기

이탤릭체는 주요 이미지를, 볼드 처리한 것은 주요 항목을 나타낸다.

ㅅ

이미지 출처

10 Wellcome Collection CC **12** PRISMA ARCHIVO/Alamy **13** Wikimedia Commons **14** Wikimedia Commons **15** Metropolitan Museum of Art, New York/Harris Brisbane Dick Fund, 1926 **16** Wellcome Collection CC **17** Wikimedia Commons **18** Wikimedia Commons **19** World History Archive/Alamy **20** Science History Images/Alamy **21** Ivy Close Images/Alamy **23** North Wind Picture Archives/Alamy **24** Wellcome Collection CC **25** Library Book Collection/Alamy **26** Wellcome Collection Public Domain **27** Wikimedia Commons **28** Granger Historical Picture Archive/Alamy **29** Science History Images/Alamy Stock **30** Science History Images/Alamy Stock **31** Wikimedia Commons **32** NASA **33** Dietmar Temps/Alamy **34** Keystone/Hulton Archive/Getty Images **35** Avalon/Bruce Coleman Inc/Alamy **36** Creative Commons **37** Vassar College Library, Archives and Special Collection **38** Wikimedia Commons **39** Jbourijai **40** Rémih/Wikimedia Commons **42–3** Photo 12/Alamy **445** WENN Rights Ltd/Alamy **46–7** Wellcome Collection CC **48–9** Stefano Politi Markovina/Alamy **51** Wellcome Collection Public Domain **53** Wikimedia Commons **54** Science History Images/Alamy **55** The Print Collector/Alamy **56–7** Science History Images/Alamy **58–9** ipsumpix/Corbis **61** Science History Images/Alamy **62–3** Photograph by Mike Peel (www.mikepeel.net)/Creative Commons **65** World History Archive/Alamy **67** The Granger Collection/Alamy **69** Wellcome Collection CC **71** Wellcome Collection CC **72–3** Wellcome Collection Public Domain **75** Wellcome Collection CC **77** Metropolitan Museum of Art, New York. Purchase, Mr. and Mrs. Charles Wrightsman Gift, in honor of Everett Fahy, 1977 **78–9** Wellcome Collection Public Domain **80–1** Wellcome Collection CC **82–3** Chronicle/Alamy **84–5** World History Archive/Alamy **86–7** Science History Images/Alamy **88** The Granger Collection/Alamy **89** Wikimedia Commons **91** Wellcome Collection CC **93** INTERFOTO/Alamy **95** The Reading Room/Alamy **97** Granger Historical Picture Archive/Alamy **98–9** World History Archive/Alamy **101** Rémih/Wikimedia Commons **102–3** Science History Images/Alamy **105** Wikimedia Commons **107** Natural History Museum/Alamy **108** Reading Room 2020/Alamy **111** Science History Images/Alamy **113** Wellcome Collection CC **115** FLHC10/Alamy **116–17** Granger Historical Picture Archive/Alamy **119** Bryn Mawr Special Collections **120–1** Granger Historical Picture Archive/Alamy **123** Universal Images Group North America LLC/Alamy **125** The Picture Art Collection/Alamy **126–7** Wikimedia Commons **129** Science Museum **131** Wikimedia Commons **133** Pictorial Press Ltd/Alamy **135** Smithsonian Institution CC **136–7** United States Department of Energy/Wikimedia Commons **138** Schadel/Wikimedia Commons **139** Central Historic Books/Alamy **140–1** Roger Ressmeyer/Corbis/VCG via Getty Images **143** A Barrington Brown, © Gonville & Caius College/Coloured by Science Photo Library **145** Fred the Oyster/Wikimedia Commons **146–7** Science History Images/Alamy **149** NASA/Troy Cryder **150–1** NASA **152–3** Stocktrek Images, Inc /Alamy **154** NASA/JPL/California Institute of Technology **156** Wellcome Collection CC **157** Wellcome Collection CC **158** Wikimedia Commons **159** Wellcome Collection CC **160** Wellcome Collection CC **161** World History Archive/Alamy **162** Science History Images/Alamy **163** Wikimedia Commons **164** Granger Historical Picture Archive/Alamy **165** incamerastock/Alamy **166** Interfoto/Alamy **167** Science History Images/Alamy **168** World History Archive/Alamy **169** GL Archive/Alamy **170** NASA/JPL-Caltech/Univ. of Ariz./STScl/CXC/SAO **171** domdomegg/Wikimedia Commons **172** BSIP SA/Alamy **173** Nancy R. Schiff/Getty Images **174** Shutterstock **175** NASA/JPL/California Institute of Technology **176** NASA/Dana Berry **177** GiroScience/Alamy **178** Pictorial Press Ltd/Alamy **179** RGB Ventures/SuperStock/Alamy **180** CERN **182** GL Archive/Alamy **183** Wellcome Collection CC **184** The History Collection/Alamy **185** National Institute of Standards and Technology/Wikimedia Commons **186** North Wind Picture Archives/Alamy **187** Wellcome Collection/Science Museum, London CC **188** Wellcome Collection CC **189** Xinhua/Alamy **190** Wellcome Collection CC **191** Wellcome Collection CC **192** Metropolitan Museum of Art, New York, Harris Brisbane Dick Fund, 1936 **193** Wellcome Collection CC **194** Wellcome Collection CC **195** Richard Wainscoat/Alamy **196** Allan Swart/Alamy **197** James King-Holmes/Alamy **198** Jim West/Alamy **199** Department of Energy/Wikimedia Commons **200** CERN **201** Lawrence Berkeley National Lab, Roy Kaltschmidt, photographer **202** Science History Images/Alamy **203** Sciencephotos/Alamy **204** Science History Images/Alamy **205** Wellcome Collection/Alec Jeffreys CC **206** The Washington Post/Getty Images **207** Wellcome Collection/Yirui Sun CC **208** Wellcome Collection CC **209** Wellcome Collection Public Domain **210** Mopic/Alamy **211** Alamy **212** Boscorelli/Alamy **213** Science Photo Library/Alamy **215** NASA/JPL-Caltech